"全国旅游高等院校精品课程"系列教材
上海市高职高专一流专业建设系列教材

餐厅空间设计

RESTAURANT SPACE DESIGN

曾　琳／主编

中国旅游出版社

编委会

总　序

为全面落实全国教育大会精神和立德树人根本任务，根据《国家职业教育改革实施方案》总体部署和《上海深化产教融合推进一流专科高等职业教育建设试点方案》（沪教委高〔2019〕11号）精神，我校积极落实和推进高等职业教育一流专科专业建设工作，烹饪工艺与营养、酒店管理、西餐工艺、旅游英语、旅游管理和会展策划与管理六个专业获得上海市高职高专一流专业培育立项。在一流专业建设中我校拟建设一批省级、国家级精品课程，出版一系列专业教材，为专业建设、人才培养和课程改革提供示范和借鉴。

教材建设是旅游人才教育的基础，是"三教"改革的核心任务之一，是对接行业和行业标准转化的重要媒介。随着我国旅游教育层次和结构趋于完整化、多元化，旅游专业人才的培养目标更加明确。因此教材建设应对接现代技术发展趋势和岗位能力要求，构建契合产业需求的职业能力框架，将行业最新的技术技能标准转化为专业课程标准，打造一批高阶性、应用性、创新性高职"金课"。拓展优质教育教学资源，健全教材专业审核机制，形成课程比例结构合理、质量优良、形式丰富的课程教材体系。

以一流专业建设为契机，我校积极探索校企共同研制科学规范、符合行业需求的人才培养方案和课程标准，将新技术、新工艺、新规范等产业先进元素纳入教学标准和教学内容，探索模块化教学模式，深化教材与教法改革，在此基础上，学校酒店与烹饪学院组织了经验丰富的资深教师团队，编纂了本套系列教材。本套教材主要包括：酒店经营管理实务、酒店安全管理、酒店接待、酒店业概述、葡萄酒产区知识、酒店专业英语、茶饮文化、酒店会计基础、调酒技艺、咖啡技艺与咖啡馆运营、酒店督导技巧、食品营养学、烹调基础技术、厨房管理、筵席设计与宴会组织、中式烹调技艺、餐厅空间设计、酒店服务管理、酒店客房服务与管理、酒店工程与智能控制。既有专业基础课程教材，又有专业核心课程教材。专业基础课程教材重在夯实学生专业基础理论以及理解专业理论在实践中的应用场景，专业核心课程教材从内容上紧密对接行业工作实际；从呈现形式上力求新颖，可阅读性强，图文并茂；教材选取的案例、习题及补充阅读材料均来自行业实践，充分体现了科学性与前瞻性的结合；从教材体例编排上按照工作过程或工作模块进行组织，充分体现了与实际工作内容的对接。

本套教材的出版作为上海旅游高等专科学校一流专业建设的阶段性成果，必将为专业发展及人才培养成效再添动力。同时，本套教材也为国内同类院校相关专业提供了丰富的选择，对于行业培训而言，专业核心课程教材的内容也可作为员工培训的素材供选择。

上海旅游高等专科学校

一流专业建设系列教材编委会

2020 年 11 月于上海

前 言

　　我国的餐厅空间设计课程大多开设在环境艺术设计专业，随着我国经济的迅速发展、人民生活水平的不断提高，旅游与酒店行业对于复合型人才的需求越来越大，需要具有更多专业素养的创造型、综合型应用人才，旅游大类的专业知识也在不断拓展。编者结合自身专业背景，根据旅游院校不同专业学生的需求特点，开设了餐厅空间设计课程。本书是编者在对十多年餐厅空间设计课程进行总结的基础上编写的，书中集合了不同特色的餐厅案例。

　　本书在编写的过程中，充分考虑了学生在学习理论时容易理解但不善于实践的现状，结合餐厅空间设计的特殊性，将理论与实践相结合。书中不仅有对餐厅空间设计基础理论的讲解，也有一些实际设计的案例。希望学生能够在掌握基础理论知识的前提下与实践相结合，使学生真正做到学以致用。

　　由于餐厅空间设计涉及的内容相当复杂和广泛，包括政治、经济、文化、宗教、人文等方面，是集技术、艺术、科学为一体的综合性学科，所以本书在内容的设定上主要针对培养高技能人才的教学目标，选择最基本的教学内容和最精练的结构模式。本书的编写主要分为六个部分：餐厅空间的设计原理、餐厅空间的设计要点、餐厅空间的布局设计、餐厅空间的空间设计、餐厅空间的体验设计及各类餐厅空间设计。

　　成功的餐厅空间设计不仅仅是书中所提及的内容，还应包括很多其他内容，并有许多书目可以参考。编者希望通过本书能为旅游、酒店、餐饮专业的初学者提供一个餐厅空间设计的新视角和学习方向。餐厅空间设计本身是一项烦琐的工程，内容丰富，涉及面很广，由于本书侧重点和容量的限制，编写面临一定的难度。本书在编写的过程中参阅了同行相关的文献与资料，特别感谢"设计风向"网站为本书提供的部分案例，在此一并表示感谢。限于本人水平，加之时间仓促，本书中难免有偏颇与不足之处，希望同行与专家批评指正。

曾琳

2021 年 11 月于上海

目 录
CONTENTS

第一章
餐厅空间的设计原理

● 本章导读

　　随着人们生活的变化、饮食意向的改变，以及个人生活品质的明显提升，消费者除了享用美味佳肴、享受优质服务之外，还希望得到全新的空间感受和视觉效果，希望有一个能充分交流、与家中感受不同的特殊氛围。餐厅不仅是一个提供饮食的场所，还是个在进餐过程中可以享受有形的和无形的附加价值的空间。餐厅空间已经成为为大众提供一处放松身心、体验休闲、享受良好服务、感受温馨、品尝美食的环境。一个好的餐厅空间应该有什么特点？餐厅空间设计是什么样的发展趋势，与我们的人的行为又有什么关系？这些问题可以通过学习与研究本章内容得到答案。

● 学习目标

知识目标

1. 了解中外餐饮文化的发展历程与特点。

2. 了解餐厅空间的基本概念、类型与分类。

3. 了解餐厅空间设计与人的行为心理。

能力目标

1. 可以熟练运用餐饮空间的发展理论。

2. 掌握人的行为对餐厅空间设计的影响。

第一节　饮食文化的发展历程

● 案例导入

BBC：人工智能时代，你所学的专业会被替代吗？

BBC 基于剑桥大学研究者 Michael Osborne 和 Carl Frey 的数据体系分析了 365 种职业在未来的"被淘汰概率"，可以得出以下结论。

如果你的工作包含以下三类技能要求，那么，你被机器人取代的可能性非常小：

①社交能力、协商能力，以及人情练达的艺术。

②同情心，以及对他人真心实意的扶助和关切。

③创意和审美。

从 BBC 的研究可以看出，第三个技能就是创意和审美，创意与审美对于餐厅设计师也是很重要的能力，关系到一家餐厅的设计的成功。

（资料来源：http://www.dyyz.net/f/view-9394-118235.html。）

一、中国饮食文化的发展历程

中国的饮食文化绵延上万年，并形成了各具特色的风味流派。因此获得了"烹饪王国"的美誉。中国的餐饮文化是一种广视野、深层次、多角度、高品位的悠久区域文化。中华各族人民在几千年的生产和生活实践中，形成了注重色、香、味、意、形的中国菜特点；在与外域的友好交流中不断丰富着自己的饮食文化，并深深影响着东亚地区的饮食文化。

中国饮食文化非常注重内涵，它涵盖了食源的开发与利用、食具的运用与发展、食品的生产与消费、餐饮的服务与接待、餐饮业的运营与管理，以及饮食艺术、饮食与人生境界的关系等内容，可谓深厚广博。中国饮食文化展示着不同的文化品位和深厚价值。

（一）中国饮食文化发展的阶段

1. 原始社会

原始社会时期是中国饮食文化的初始阶段。当时人们已经学会种植谷子、水稻等农作物与饲养猪、犬、羊等家畜，这时便奠定了中国饮食以农产品为主、肉类为辅的杂食性饮食结构的基础。随后燧人氏发明"钻木取火"，人类进入了熟食的时代，把植物的种子放在石片上炒，把动物放在火上烤。神农氏发明农具以木制耒耜，教民稼穑饲养。黄帝是最早的灶神，发明了蒸锅，使食物速熟。

2. 夏商西周

先秦时期是中国饮食文化真正形成的时期。经过夏商周近 2000 年的发展，中国传统饮食文化的特点已基本形成。在商周时期人们根据五行学说提出"五味调和之说"，成为后世烹调的指导思想，同时也是中国饮食文化经久不衰的原动力之一。主副食搭配平衡的膳食理论的确立以及"五谷为养，五果为助，五畜为益，五菜为配"的学说的确立，成为中国饮食文化千古不变的理论。以"色、香、味、形"为核心的美食标准初步建立。同时，"色、香、形"兼顾，且在饮食礼仪方面也开始走向完善。周代在饮食内容、使用餐具、座次、入席、上菜、待客等方面都有严格的规定，不合礼法，当事人可以拒绝用餐。同时夏商西周时期谷物已备，粮食作物已作为日常的食源。夏朝非常重视帝王的饮食保健，在宫中首设食官、配置御厨，迈出了医食结合的第一步。

3. 春秋战国

春秋战国时期的畜牧业相当发达，不仅家畜野味共登盘餐，而且蔬果五谷俱列食谱。孔子的饮食简朴而平凡，认为粗茶淡饭一样美味。儒家讲究营养、注重卫生，以饮食涵养人性、完善人性等饮食观开始对中国饮食文化产生深远影响。

4. 秦汉

秦汉时期整个中华民族呈现出一派欣欣向荣的景象，汉武帝之后，独尊儒术，儒家的饮食思想也备受推崇。张骞出使西域后引进了石榴、葡萄、西瓜、黄瓜、菠菜、胡萝卜等，丰富了饮食文化。豆腐也在此时被端上饭桌。据史料《本草纲目》记载，豆腐是由淮南王刘安首创。我们现在常用的酱油、醋都是这个时期产生的。从东汉打虎亭汉墓壁画《宴饮百戏图》可以看出，画面上下各绘有一排宾客，身穿彩色袍服，踞坐席上，宴饮作乐，观看百戏。面前的席上，有朱色的、盛有菜肴酒水的盘、碗、杯、盏等。艺人在表演击鼓、敲锣、踏盘、吹火、执节等。

5. 唐宋

唐初期，麦子作为一种主粮是比较奢侈的。菜肴分为高、中、低三个档次。高档为宫廷宴用菜。中国封建社会的发展，孕育着多彩绚丽的生产关系和市民社会，中国饮食文化出现新的发展势头，走向成熟。宋代开始，中国的城市化加强，出现大的商业市镇。由于城市人口集中，各民族杂居，所以城市饮食业囊括了各地、各民族饮食文化的精华，各种饮食文化在城市互相交流，使得城市饮食业不断向高层次发展。城市饮食业和饮食文化的水平代表着中国饮食业和饮食文化的水平。从五代时期顾闳中所画的《韩熙载夜宴图》中可以看到南唐大臣韩熙载夜宴宾客时的情景。

6. 明清

明清时期许多文人为逃避现实，乐于沉湎饮食，此时又混入满蒙的特点，饮食结构有了很大变化。宫廷贵族为了显示尊贵无比的地位，在饮食上也是标新立异。满汉全席是清朝宫廷盛宴，寓意着满汉一家，既有宫廷菜的特征，也有地方菜的特色。

（二）中国饮食文化的特点

经过几千年的发展，随着原料的几经变化、烹饪技术的完善、外部物质条件的影响，各地饮食文化通过调适和整合，中国饮食文化在其历史发展中逐步形成独有的特点、功能等优秀的文化特质。

1. 中国饮食文化的传承性

从原始社会发端以来，中国饮食文化一直保持着发展势头，经久不衰，无论是朝代的更迭，还是社会制度的变更，都未对它产生影响，而且不断丰富和发展。饮食文化成为近代中国文化的一枝独秀，原因有以下几点。

第一，"民以食为天"的观念深入人心。第二，开放型饮食文化一直存在。中国的饮食文化自产生之时起就处在民族融合和文化交流氛围之中，从三皇五帝一直到清代，都未停止对周边和国内民族文化的吸纳，尽管在一定时期存在"闭关锁国"的现象，但饮食还是可以给人带来快感与享乐，中国人是很容易吸收和改造外来文化的。因此，中国饮食文化无论在何等条件下，都会得到不断发展。

2. 中国饮食文化的层次性

中国传统上是宗法制国家，其结果便是等级森严，不同等级有不同的社会地位和待遇。在具体的饮食活动中就表现为等级礼制，在宏观文化层面就表现为文化的层次性。这些层面彼此之间在用料、技艺、条件、排场、风格及文化特征等诸多方面存在明显的差异，主要可分为以下五个层次。

（1）果腹层。其主体是最广大的底层民众，他们没有或很少有超出温饱要求的饮食要求，基本水准经常在"果腹线"上下波动。这一阶层还不具备充分体现饮食生活的文化和艺术、思想和哲学特征的物质和精神条件。

（2）小康层。其主要是城市中的一般市民、农村中的中、小地主及下等胥吏以及有一定经济、政治地位的其他民众。他们一般情况下能保证温饱的生活，或经济条件还要好些，其饮食已具有一定的文化色彩。

（3）富家层。其主体是中等仕宦、富商和其他殷富之家。他们有明显的经济、政治、文化上的优势，有较充足的条件去讲究饮食，而且仕宦的特权、富商大贾的豪侈、文士的风雅猎奇等，赋予他们突出的文化色彩。

（4）贵族层。其主要成分是家资富饶的累世望族。他们养尊处优、童仆千万、厨作队伍组织健全、分工细密，擅绝技的名师巧匠为其中坚。他们利用经济上和政治上的特权，其饮食生活是"钟鸣鼎食"与"食前方丈"。他们是中国饮食文化发展的重要力量之一。

（5）宫廷层。王或皇帝是中国最高的统治阶层。宫廷馈膳就是凭借美、珍、奇的上乘原料，运用当下最好的烹调条件，在"悦目、福口、怡神、示尊、健身、益寿"原则指导下，创造了无与伦比的精美肴馔，充分显示了中国饮食文化的科技水平和文化色彩，充分体现了帝王饮食的典雅而凝重、华贵而精细。

3. 中国饮食文化的多样性

中国地域广大，食物原料分布地域性强，各地发展程度不一。在文化悠久和封闭程度等综合因素的作用下，中国形成了许多风格不尽相同的饮食文化区。从宏观上讲有川菜、鲁菜、淮扬菜、粤菜四大菜系。而在微观上，这些菜系又分出许多子系统，各个子系统之间又相互交融、排斥，形成了严格的地方性特色。

4.中国饮食文化的季节性

按季节而食是中国烹饪的又一大特点。自古以来，中国人就有"不食不时"的说法，即不吃反季食品，强调进食与宇宙节律协调，体现了中国饮食文化"天人合一"的哲学思想。春夏秋冬、朝夕晦明要吃不同性质的食物，甚至加工烹饪食物也要考虑到季节、气候等因素。

5.中国饮食文化的艺术性

中国的烹饪，不仅技术精湛，还讲究菜肴美感，注意食物色、香、味、形、器的协调一致，对菜肴美感的表现是多方面的，无论是一个红萝卜，还是一个白菜心都可以雕出各种造型，达到色、香、味、形、美的和谐统一，给人以精神和物质高度统一的特殊享受。中国烹饪很早就注重品位和情趣，不仅对饭菜点心的色、香、味有严格的要求，还对它们的命名、品味的方式、进餐的节奏、娱乐的穿插等都有一定的要求。中国菜肴的名称既有根据主、辅、调料及烹调方法来写实命名的，也有根据历史典故、神话传说、名人食趣、菜肴形象来命名的，如全家福、将军过桥、狮子头、叫花鸡、龙凤呈祥、鸿门宴、东坡肉等。

二、国外餐饮文化的发展

（一）西方餐饮文化发展历程

1.古埃及时期

古埃及的餐饮文化与社会生产、生活和宗教信仰有着密切的关系，尼罗河创造了灿烂的埃及文化，也包括餐饮文化，出土的食器证明了餐饮文化在这一期时期曾经的辉煌。

2.古罗马时期

繁华昌盛的古罗马，有着辉煌历史的欧洲文明古城，在雕刻、戏剧、绘画方面都创造了自己独特的风格，在餐饮文化方面，厨师不再是奴隶，他们地位的提高，对餐饮文化的发展有着不可忽略的推动作用，尤其是面点的制作和创新，一直影响到今天。

3.中世纪时期

在中世纪，由于大英帝国被诺曼底人占领，英国的餐饮文化受到法国餐饮文化的影响，英国单一的烹调方法被打破。1183年，伦敦出现了第一家餐馆，主要出售海鲜和牛肉类食品。1650 年，咖啡厅在英国问世，这是"餐"与"饮"分开独立经营的开始。咖啡厅很快得到了英国人的喜爱。

4. 19~20 世纪

被称为"20 世纪烹饪之父"的法国著名厨师奥古斯特·埃科菲（Auguste Escoffier）在制作欧洲传统菜肴时，首次简化了传统菜的菜品及菜单，对不合理的程序进行了重新组织，确立了豪华烹饪法的标准。1920 年，美国首次开始了汽车窗口饮食服务，由此产生了流动餐饮文化。很快，现代流动餐饮文化成了航空、水运、火车、汽车上的时尚，遍布全世界。

● 知识链接

奥古斯特·埃科菲"*King of Chefs 与厨师 Kings*"

一、高端餐饮酒店业的先驱者

埃科菲从 12 岁开始当学徒，在巴黎和法国蓝色海岸管理多家餐馆。1883 年，他的职业生涯发生了意想不到的转变，他被瑞士的酒店经营者、时任蒙特卡洛大酒店（Grand Hôtel）总经理的恺撒·里兹（César Ritz）聘为厨师长。两人就此成为朋友，开始了他们非凡的合作关系，在日后将高端餐饮酒店业的水准提升到了新的高度。1890 年，他们共同加入了在伦敦新开张的萨沃伊酒店，该酒店是英

请扫描二维码
进行学习

国首家高档酒店。当时，英国都是些小酒馆，高端餐馆还是新鲜事物。埃科菲决心将精致的法国高级料理引入英国。之后，埃科菲和恺撒·里兹共同创立了里兹连锁酒店：1898 年，巴黎里兹酒店开张；1899 年，伦敦卡尔顿酒店开张；之后是罗马的蒙特卡洛大酒店，以及纽约和蒙特利尔的里兹酒店开业。埃科菲还管理着新型豪华远洋客轮的厨房，比如汉堡—美洲航线。埃科菲将照菜单点菜的方式推广至全世界。在萨沃伊酒店，他首次推出了照菜单点菜，成了英国第一人。他用心设计菜单，因为他认为"菜单首先是一首诗"。不久，这种点菜方式就被白金汉宫和英国的上流社会接受，随后传向全世界，其中就有里兹酒店的功劳。

二、烹饪革命

不同于传统法国料理铺张的宴席和过分丰盛的菜肴，埃科菲提出了一种新的美食理念，提倡食物的高度精致简练，并充分考虑了营养配比和食材的新鲜

度。在他之前，法国高级料理铺张浪费严重，料理过程过于复杂，宴席过分奢侈，过分注重酱汁和装饰菜，让人几乎分辨不出原本的食材。埃科菲的箴言是："简单至上"，他提出了一种新的美食理念，提倡食物的高度精致简练。这种理念也被20世纪和21世纪的优秀厨师们所接受和推崇。埃科菲在食物保存方面也是一位开拓者，创造出适合主妇使用的瓶装酱汁。他发明了罐装番茄，协助打造出高汤块和人工栽培的蘑菇。

三、一个真正有远见的人

埃科菲颠覆了高端餐饮厨房的管理布局，推出了自己的劳动力分配法。他倡导严格的卫生标准，将厨师传统的帽子和制服改成现今全球流行的标准样式。管理里兹酒店这样的商业帝国需要出色的组织才能。在萨沃伊酒店，埃科菲用一种全新的方式来管理厨房，那就是"厨房军旅制度"，这比亨利·福特早了几十年。他将厨房员工分成数个小组，分别负责鱼类、酱汁、肉类等。过去厨师们什么菜都做，做完一单再做下一单，而在萨沃伊的厨房里，菜肴由各个工作台合作完成。这种做法的目的是确保上菜的效率，时间和温度都要把控完美。埃科菲的厨房效率极高，可以同时服务500人。"厨房军旅制度"从此成为全球高端酒店的普遍标准。

如今另一个全球性的标准就是厨师传统的制服和帽子。这套标准起源于法国，由埃科菲出于卫生考虑将其带入英国，并在行业内推广开来。他同时也禁止员工工作时在厨房内吸烟喝酒。埃科菲刚工作时，厨师这一行业并不受人尊重，是他将19世纪的厨师变成了十分体面的工作。或许埃科菲最大的成就是他带给厨师界深深的自豪感。

四、《烹饪指南》

埃科菲的代表作《烹饪指南》系统记录了法国高级料理，并提升了其现代化程度。这本指南包含5000多道料理，经历了时间的考验，被誉为"法式经典料理的圣经"。埃科菲在书中介绍了精致且清淡的菜肴，以及更加科学的烹饪方式。在书中，他还特地介绍了使用五大母酱制作的料理。这本书一经出版便处于前沿位置，历经时间的考验，为全世界厨师使用。

五、王之主厨

埃科菲和恺撒·里兹让高档酒店变成了英国和欧洲皇室喜爱的场所。埃科菲深受威尔士亲王的喜爱，1901年，受亲王委任，埃科菲负责承办亲王加冕成为爱德华七世国王的宴席。温斯顿·丘吉尔经常带他的内阁成员去萨沃伊酒店用餐。1914 年 8 月 4 日，英国对德国及其盟友宣战时，丘吉尔就坐在卡尔顿酒店的餐厅里。1913 年，埃科菲在皇帝号上为 146 位德国高官举办了国宴，并在该国宴上拜见了德皇威廉二世。传闻，德皇威廉二世曾对他说："我是德国的皇帝，而你是厨师界的皇帝。"

六、"埃科菲精神"

埃科菲的厨师生涯长达 62 年，其间他一直保持着一股创新的冲劲。他一直在前进，因为他认为料理也必须一直进步。埃科菲也非常慷慨，把员工当作自己的家人，19 世纪在伦敦时，他花费了大量的时间和金钱与饥饿作斗争。埃科菲的厨师生涯长达 62 年，其间他从未停止创新的脚步。

（资料来源：http://institutescoffier-asia.cn/Index/escoffier.html。）

（二）西方主要国家餐饮文化的特点

1.法国

法国是 476 年西罗马帝国灭亡后在废墟上逐渐建立起来的国家。在此以前它是古罗马省，称为外高卢。当时就有一些雅典和罗马的有名厨师来到这里，奠定了法国菜的基础。到 16 世纪欧洲文艺复兴时期，意大利盛行的煎嫩牛排及各种沙拉的制作方法等传到了法国，使法国菜更加丰富起来。由于历代法国国王崇尚美食，使得当时的法国名厨辈出，奠定了法式菜在西餐中的重要地位。

2.意大利

意大利地处南欧的亚平宁半岛，优越的地理条件使意大利的食品加工业很发达，其以面条、奶酪、肉肠著称于世。公元前 2 世纪后期，古罗马宫廷的膳房已形成庞大的队伍，并有很细的分工。厨师总管的身份与贵族大臣相同，烹调方法日臻完善，并发明了数十种菜品的制作方法。时至今日，意大利菜仍在世界上享有很高的声誉。

3.英国

英国的农业欠发达，粮食每年主要靠进口，英国人不像法国人那样崇尚美食，因此英式菜相对来说比较简单。但英式菜的早餐却很丰盛，受到西方各国的普遍欢迎。英国人喜欢喝茶，习惯在下午 3 点左右吃茶点，一般是一杯红茶或咖啡再加一份点心。

4.美国

由于在美国的英国移民较多，所以美式菜基本上是在英式菜的基础上发展起来的。由于美国的历史短，较少传统、保守思想，在生活习惯上也不墨守成规，美国人使用当地丰富的农牧产品，结合欧洲其他移民和当地印第安人的生活习惯，形成了独特的美国饮食文化。

5.俄罗斯

作为一个地跨欧亚大陆的、世界上领土面积最大的国家，俄罗斯虽然在亚洲的领土非常辽阔，但由于其绝大部分居民居住在欧洲部分，因而其饮食文化更多地受到了欧洲大陆的影响，呈现出欧洲大陆饮食文化的基本特征。俄式菜受法式菜影响较大，具有奥地利、匈牙利等国菜式的一些特点，但由于特殊的地理环境、人文环境以及独特的历史发展进程，也造就了独具特色的俄罗斯饮食文化。

6.德国

德国是在西罗马帝国灭亡后由日耳曼诸部落逐渐建立起来的国家，中世纪时期一直处于分裂状态，直到1870年才真正统一。在生活上，德国人喜爱运动，所以食量较大，他们保留了以食肉为主的日耳曼遗风，德式菜以丰盛实惠、朴实无华而著称。

第二节　餐厅空间的基本原理

一、餐厅空间的概念

（一）餐厅空间基本概念

1. 空间的概念

空间在"辞海"中解释为"物质存在的一种形式，是物质存在的广延性和伸张性的表现。空间是无限和有限的统一。就宇宙而言，空间是无限的，无边无际的；就每一具体的个别事物而言，空间则是有限的"。

2. 餐厅空间的概念

餐厅空间是食品生产经营行业通过即时加工制作、展示销售等手段，向消费者提供食品和服务的消费场所。

3. 餐厅空间设计的概念

餐厅空间设计是设计师通过对空间进行严密计划、合理安排，给商家和消费者提供的一个餐饮产品交换平台，同时也给人们带来方便和精神享受。理想的餐厅空间设计是通过拓展理念并以一定的物质手段与场所建立起"和谐"的关系，即与自然的和谐、与环境的和谐、与场地的和谐、与人的和谐，并通过视觉传达的方法表现这种契合关系。

餐厅空间设计的概念不同于建筑设计和一般的公共空间设计，在餐厅空间中人们需要的不仅仅是美味的食品，更需要的是一种使人的身心彻底放松的气氛。餐厅空间的设计强调的是一种文化，是一种人们在满足温饱之后更高的精神追求。餐厅空间设计包括了餐厅的位置、餐厅的店面外观及内部空间、色彩与照明、内部陈设及装饰布置，也包括了影响客人用餐效果的整体环境和气氛。

（二）餐厅空间的特点

1. 餐厅空间的服务性

餐厅空间并不单指能进行就餐活动的场所，还应当是为餐饮业服务，可以进行相关商业活动的固定场所，它为餐饮经营提供了物质空间的保证。

2. 餐厅空间的多样性

餐饮业是一个多元化的行业，从服务范围来看，涵盖了正餐服务、快餐服务、饮品服务以及其他服务等。每类服务在服务方式、经营内容、目标客源等方面存在差异，相应的空间要求也有着较大的区别，为了满足这种不同的需求，餐厅空间在物质空间的选择、组合方式与设计上都有着较大的不同。有时候因经营需求，餐厅空间不再拘泥于室内空间。

3. 餐厅空间的休闲性

餐厅空间的功能已经不再局限于提供食物满足人们的温饱需求，更多的时候它已经成为人们日常生活中的一部分。餐厅空间除了为人们提供餐点和享受服务这一基本功能外，还为客人提供沟通、交流、放松、减压等空间功能。因此，现在的餐厅空间具备休闲性，是综合性极强的空间。

二、餐厅空间的类型

（一）餐厅空间的组合分区

餐厅空间的组合形式应涵盖以下四大基本空间。

1.公共区

公共区，从字面上对其进行解释是指客人与餐厅从业人员所共同使用的空间。通常情况下餐厅内的公共空间主要由两大类构成：一是餐厅各功能区域之间的连接空间；二是为了餐厅更好地进行经营而设置的辅助性功能空间（如洗手间等）。这两类空间的共同点是虽然都不能直接创造利润，且占用了经营场所的部分面积，但却是整个餐厅空间环境中必不可少的一部分，若缺失则会扰乱整个餐厅的经营秩序。在这样的情况下，公共空间既要满足使用者的使用需求，又要占地面积小，这就要求设计者在对空间进行整体规划时从使用者的感受及需求出发，尽可能地对功能进行整合，以便更好地对空间进行利用。

图 1-1　Liliput 亲子餐厅就餐区

2.就餐区

就餐区（见图 1-1）在整个餐厅空间中有着重要的地位，它是客人进餐和享受服务的空间，也是客人停留时间最长的空间，这一空间的设计与客人的消费体验有着密切的联系。从空间位置上来看，用餐空间一般处于整个餐厅空间的正中心，所有的动线都在此处进行汇集与转化。因此，用餐空间是整个餐厅空间的枢纽，是餐厅空间设计的重点。

3.烹饪操作区

在大多数的餐厅空间里，烹饪操作空间对于客人来说属于隐蔽空间（极少数特殊餐厅，如日式铁板烧餐厅除外），但烹饪操作空间是整个餐厅的食物储藏加工和生产部门，它与整个餐厅的利润有着最直接的关系。烹饪操作空间的设计除了需要考虑安全、卫生的问题之外，还需要考虑服务人员的服务便捷与效率提升问题。

4.其他功能区

其他功能主要是辅助就餐的区域，包括酒水区和为员工服务的后勤区域。

（二）餐厅空间的分类

餐厅空间按照不同的分类标准可以分成若干类型。一方面，"餐"字代表餐厅与餐馆，而"饮"字则包含西式的酒吧与咖啡厅，以及中式的茶室、茶楼等。另一方面，餐厅空间的分类标准包括经营内容、规模大小及其布置类型等。

1. 根据经营方式分类

随着人们生活水平的提高、生活节奏的不断加快，人们的饮食方式也呈现多元化的发展趋势，餐饮业因此日益多样化。餐厅根据经营方式的不同可分为单点零售餐厅、套餐组合餐厅、自助餐厅。每类餐厅因其经营方式的不同，针对的目标客人的需求也有着鲜明的区别。在进行餐厅空间设计时，设计者应针对客人的就餐需求，有针对性地进行设计。

● 案例学习

Dropbox公司总部的自助餐厅

Dropbox 公司总部的自助餐厅，是公司食堂当中设计得最时髦休闲的食堂了。设计团队在设计时引用了"街道"的想法，在办公室里给职员带来别样的体验，创造出了一个多用途且同样适合用作餐厅、会议室、头脑风暴区等的空间。

请扫描二维码
进行学习

食堂大厅有 6 个主要的食物供给点，每个供给点之间用半透明的亚麻材料制作的各种各样的屏风隔开。果汁吧的手工灯具把老路灯改造得非常有现代感，这样的设计再次强点了"街道"的概念，入口处的枝形吊灯是可以调节的。咖啡馆的设计也能唤起街道的氛围，多种椅子、地毯和与客厅相协调的配饰，这样休闲的地方能够放松紧绷的神经。

（资料来源：http://loftcn.com/archives/31742.html。）

2. 根据经营内容分类

在餐厅选址之前，首先要确定餐厅的类型。餐厅空间从不同角度可以分为不同类型。按餐与饮的不同，可以分为餐厅与酒吧、咖啡厅及茶艺馆；按国家和地区的不同，可以分为中餐厅、西餐厅、日式餐厅、韩式餐厅及泰式餐厅等；餐馆的类型也可按照市场细分，如快餐厅、咖啡店、酒店餐厅、自助餐厅、娱乐性餐厅等。

（1）中餐厅。由于国家和民族文化背景的不同，中国和西方国家的餐饮方式及习惯有很大的差异性。中餐厅主要经营中式菜肴，在空间氛围上多侧重于体现中国

图 1-2　宝丽轩餐厅的传统隔断

图 1-3　浮域餐厅的"fushion"新式西餐

传统文化。中国人比较喜欢群体用餐、重人情，常用圆桌吃饭，喜欢热闹的气氛。中餐厅在餐厅空间设计中通常运用传统形式的符号进行装饰。例如运用藻井、宫灯、斗拱、挂落、书画、屏风等装饰与组织饰面，以营造出中国传统餐饮文化的氛围（见图 1-2）。

（2）西餐厅。西式餐厅可以分为法式、俄式、美式、英式、意式等，除了烹饪方法有所不同外，还有服务方式的区别。西餐厅会利用高靠背沙发、装饰物、软质隔断等方式将大空间划分为若干私密空间，以保证客人在进餐交谈时不会互相干扰。法餐是西餐中出类拔萃的菜式，法式服务追求高雅的形式，如服务生与厨师的穿戴及服务标准等，特别注重在客人面前的表演性服务。法式菜肴制作中有一部分菜肴需要在客人面前做最后的烹调，其动作优雅、规范，给人以视觉上的享受。因菜肴操作表演需要一定空间，所以法式餐厅中餐桌的间距较大，以便于服务生服务，同时也提高了就餐的档次。近年来，一些西餐厅在菜品的烹调方式上融入了中餐的料理手法，形成了"fushion"的新式西餐（见图 1-3）。

（3）快餐厅。现代人的生活节奏很快，很多人不愿意在平时的饮食方面花太多的时间，快餐店正好可以满足这部分人的需要。快餐厅凸显一个"快"字，用餐者一般不会过多停留，也不会过多地在意餐厅空间中的景致，所以室内设计多采用粗线条，色彩明快，使用餐环境更符合轻松、时尚的感觉。室内要明快、简洁，

图 1-4　Chopia 快餐厅

通过单纯的色彩对比、几何形体的空间塑造、整体环境层次的丰富等，达到快餐环境所应有的理想效果（见图1-4）。

（4）特色餐厅。特色餐厅是近年来较为流行的一种餐厅形式，特色餐厅主要有两大类：风味餐厅和主题餐厅。

风味餐厅主要经营不同地域的特色菜肴，如阿拉伯餐厅、泰式餐厅、韩式烧烤餐厅、日式料理餐厅等。为了配合菜肴的特色，餐厅在空间设计时多融入地域文化特色，在空间布

图1-5　Blue Car 汽车主题餐厅

局和设计元素时会提取当地的传统文化和特色习俗，如日式料理餐厅采用榻榻米式餐桌，阿拉伯餐厅里用水烟作为装饰元素等，结合餐厅菜肴并强调餐厅的特色以获得更大的收益。

主题餐厅是在一般餐厅的基础上赋予餐厅空间一个特定主题，餐厅空间营造以及室内装饰都围绕这一主题进行，所有的装饰设计都是为了唤起这一主题喜爱者的认同，希望通过心理上的认同以吸引他们前来消费。如果说风味餐厅售卖的是菜肴，环境只是其附属和强调的话，那么在主题特色餐厅里，环境是主要吸引力，它们主要依靠环境的特色在竞争中立于不败之地，因此这类餐厅的设计要求相对较高（见图1-5）。

（5）咖啡厅、茶馆。咖啡厅、茶馆是对中、西餐厅这类提供以正餐为主的餐厅空间的有益补充。它们主要经营各类饮品及配套点心，同时为客人提供社交的场所。这类餐厅空间，相对于提供正餐的餐厅来说面积较小，但是在设计上非常注重品质与细节，追求"小而精、小而雅"的美，其空间处理应尽量使人感到亲切、放松。这类餐厅的空间讲究轻松的气氛、洁净的环境，适合少数人会友、晤谈等（见图1-6）。

图1-6　卯时咖啡厅

图 1-7 维多利亚少女峰水疗大酒店宴会厅

（6）宴会厅。宴会厅是指可以用于举办各类婚庆活动、公司聚餐、大型集会、演讲、报告、新闻发布、产品展示、舞会等活动的场所。宴会厅一般由大厅、门厅、衣帽间、贵宾室、音像控制室、家具储藏室、公共化妆间、厨房等构成。一般要具备专业的音响扩声系统、先进的多媒体显示系统、丰富的舞台灯光照明系统以及智能化的集中控制系统，为举办婚庆活动、公司聚餐、大型集会、各类会议、学术报告、观看电影等活动提供卓越的音质效果、清晰的画面显示以及简单便捷的集中控制（见图 1-7）。

（7）自助餐厅。自助餐厅是一种由宾客自行挑选、取用或自烹自食的就餐形式。它的特点是客人可以进行自我服务，菜肴不用服务员传递和分配。自助餐厅一般是在餐厅中间或一侧设置一个大餐台，周围有若干餐桌。大餐台台面由木材或大理石制成。桌椅的设置上一般以普通座席为主，根据需要也可以考虑柜台式席位。自助餐厅在设计时应注意平面功能布局的合理性。应布置有专门存放盘碟等餐具的自助服务台区，熟食陈列区，半成品食物陈列区，甜点、水果和饮料陈列区，以方便客人根据需要分类取用。内部空间设计应宽敞、明快，多采用开敞和半开敞的分布格局进行就餐区域布置，餐厅通道比一般餐厅宽，便于客人来回拿取食物而不发生碰撞，从而提高就餐效率（见图 1-8）。

（8）酒吧。酒吧的消费者通常是为了追求自由惬意的时尚消费形式而来此消费，也是年轻人业余时间一个重要的消遣和社交场所。酒吧的装饰风格可体现很强的主

图 1-8 东方明珠旋转自助餐厅

题性和个性，可采用古怪离奇的原始热带风情装饰手法，也可以体现某个历史阶段的怀旧情调，或围绕某一主题，综合运用壁画、陈设及各种道具等手段进行带有主题性色彩的装饰（见图1-9）。

3. 根据空间布置类型分类

（1）独立式的单层空间。一般为小型餐馆、茶室等采用的类型。

（2）独立式的多层空间。一般为中型餐馆采用的类型，也是为大型的食府或美食城所采用的空间形式。

图1-9 宝莱纳酒吧

（3）附建于多层或高层建筑。大多数的办公餐厅或食堂都属于这种类型。

（4）附属于高层建筑的裙房。部分宾馆、综合楼的餐饮部或餐厅、宴会厅等大中型餐厅属于这种空间。

（三）餐厅空间的发展趋势

随着社会经济的不断发展，餐饮业在人们生活中所占位置日益重要。在餐厅空间中，人们已经不再局限于对菜品的要求，反而对空间环境、心理感受及服务体验等有了更多诉求。为了顺应这一发展趋势，餐厅空间已经从单一地向客人销售食品和饮料的空间逐渐发展成为推广饮食文化、体现人文内涵的新型文化空间，这就要求设计者能根据空间使用性质，运用美学原理和技术手段，结合各类不同材质的特性创造出功能合理、使用舒适、形式美观并且能反映其文化内涵的空间环境。在这样的背景下，空间装饰方法也随着空间内涵的变化而不断向前发展，主要呈现出以下几种趋势。

1. 餐厅空间功能的多元化

随着餐饮业的不断发展，餐厅空间已经发生了巨大变化，饮食、娱乐、交流、休闲多种功能的交融已成为餐饮业发展的大方向。在这样的情况下，餐厅空间从满足人们口腹之欲的场所转化成现在多元化、复合性的功能空间，这种转变正好迎合了人们喜欢多样化，追求新颖、方便、舒适的美好生活的愿望，是与时代发展和大众需求相契合的。

知识链接

购物中心最喜欢哪一类跨界餐饮

购物中心现在正在遭遇零售品牌日趋同质化的困境。同时，人们的消费需求则日趋个性化。故此，各大购物中心在不断提高体验式消费比例和餐饮业态占比的同时，都开始大力引入复合各种不同文化元素的跨界餐饮主题餐厅，从而在增加顾客就餐滞留时间的同时，通过混搭多元体验吸引顾客消费更多不同类型的商品。

请扫描二维码
进行学习

在转型跨界盛行的当下，跨界餐饮因为对餐饮自身特色以及主题文化的挖掘赢得了消费者的欢迎，且零售品牌跨界餐饮业能有效解决非就餐时段的坪效难题，也得到了购物中心的青睐。

化妆品牌跨界咖啡馆开设可爱的高颜值体验店，奢侈品牌和时尚服饰品牌为了推广服饰品牌文化推出特色餐厅，酒厂针对酒友社交需求而跨界开设酒吧酒楼，医药企业针对养生健康需求推出健康茶饮店，食品企业、游戏、动漫、影视、花店、旅行社、健身、家居、书店、文创、影视、音乐、画廊、运动、美发、IP、交通工具、亲子、宠物、通信、银行、教育、创业……各行各业如今都脑洞大开纷纷推出跨界餐饮业态。

与化妆品旗舰店融为一体的化妆品跨界咖啡馆是近年来最受都市型时尚购物中心欢迎的业态，继悦诗风吟 Green Café 首店于 2015 年年底走红上海并带动化妆品牌开设咖啡馆热潮后，2017 年第二店进驻成都远洋太古里。Kiehl's café 中国首店去年进驻北京太古里，欧舒丹南法之光慢咖啡馆入驻南京德基广场。其他美妆店附设餐饮的还包括上海大悦城 ISETAN BEAUTY、伊岛屋咖啡、英树咖啡馆等。

全球知名个护香氛巨头欧舒丹收购叱咤甜品界、素有"甜品界爱马仕"之称的法国国宝级品牌 Pierre Hermé 的部分股份后，2017 年终于在巴黎最具浪漫气息的香榭丽舍大道联合开设了一家双品牌联营跨界融合店，并沿用店铺所在的门牌号将新店命名为香榭丽舍 86 号。这家占地 280 平方米的跨界融合店同时经营个护香氛与甜品美食，旨在为消费者打造更棒的购物体验。

另外，上海 iapm 店是品牌一直践行多元文化探索的里程碑，为上海消费者提供了耳目一新的生活体验：店内新品除了有女装之外，首次加入了男装系列和意大利品牌 Massimo Alba 的服饰。不仅如此，店内还引入了咖啡、绿植、阅读、展览等业态，一间服装店如咖啡馆般休闲自在，形成现代生活美学的概念店。

奢侈品大牌为了彰显企业文化而热衷于跨足餐饮业，例如，LVMH 先后收购意大利百年甜品店 COVA 和新加坡翡翠餐饮，PRADA 则收购米兰西点店 Pasticceria Marchesi。Gucci 1921 餐厅、Vivienne Westwood Café、爱马仕 Café、Emporio Armani Caffe、万宝龙巧克力咖啡馆、Alfred Dunhill Alfie's 餐厅、10 Corso Como 餐厅、KENZO 快闪咖啡店先后进驻一线城市。

Dior 在东京和首尔开设了咖啡馆，把外观设计成花瓣状，内部空间全部由迪奥灰色和粉色组成，俘虏了一众少女心。咖啡厅的全名叫 Cafe Dior by Pierre Herme，而 Pierre Herme 就是业界人称的"甜品界的毕加索"。一位生活美学大师，将他对于时尚精神的理解通过甜品饮料传达给我们，这种交流方式怎能不令人期待。

（资料来源：https://www.sohu.com/a/227815202_481787。）

2. 餐厅空间形态的多样化

现代餐厅空间的功能越来越多样化，为了与之相匹配和适应，各类餐厅的空间形态也日益呈多元化趋势发展，在中型、大型餐厅中，常以开敞空间、流动空间、模糊空间等为基本构成单元，结合上升、下降、交错、穿插等方式对其进行组织和变化，将其划分为若干个形态各异、相互连通的功能空间，这样的组织方式可以使得空间层次分明、富有变化，让人置身于其中时能充分体会空间变化的乐趣（见图 1-10）。

3. 餐厅空间使用的数字化

随着科技的发展，信息数字化已经融入人们的生活中，餐厅也不例外。在很多餐厅，数字媒体与计算机控制的装饰物被广泛应用，如一些特色餐厅

图 1-10 喜喜小馆餐厅顶部的龙造型贯穿楼梯

里会使用到贯穿于整个空间的"通道"，以此实现菜品的全自动运输。还有一些餐厅为了减少信息传递的误差，节约传递时间，提升工作效率，选择计算机系统进行服务信息的传递。餐厅空间随着这些数字化方式的渗透也变得越来越便捷和人性化。失重餐厅（Spacelab）通过双螺旋滑轨将菜品直接运送到餐桌上。近年来，随着新零售方式的普及，越来越多商家引入了这类新鲜有趣的特色主题。

4. 餐厅空间设计的绿色化

随着城市化进程的不断加快，生活在钢筋混凝土城市里的人们离大自然越来越远，但是人们对健康环保的渴望却越来越强烈，讲求环保健康、自然质朴、清新休闲

图 1-11　Lunenurs 餐厅顶部的绿植设计

的饮食，而融合文化、时尚潮流、艺术及历史的自然绿色生活风格越来越受到人们的喜爱。所以设计者在进行餐厅空间设计时，需要考虑营造更为健康生态的空间，一部分餐厅开始将室外的绿色景观引入室内餐厅空间中，也会在设计时通过选择环保、健康的材料对整体空间进行装饰，以营造健康的空间环境（见图 1-11）。

三、餐厅空间设计与人的行为心理

心理感觉既有量化的成分，又有感性的因素。设计心理学在餐厅空间设计中的作用，虽然很难具体评估但确实存在。设计心理学在餐厅空间设计中的应用，体现了以功能为先的现代设计理念，更体现了人性化的设计理念。空间中的距离和尺度都会对客人产生一定的心理影响。

（一）群体心理

1. 从众心理

一个人在路上对另一个人说话，边说边对着天上指指点点，第三个人看到他们的举动便会抬头看天，从而传递给到第四个人、第五个人，直至引发一个群体的抬头效应。群体中每个不同的个体，都有一种趋同心理，也就是从众心理。大家往往宁可选择装修一般但门庭若市的餐厅，也不会选择装修高档但门可罗雀的餐厅。当

客人看到一家餐厅可容纳 50 人，但里面只坐了零散几个人时，从逻辑判断上会觉得是这家餐厅肯定有什么问题。如果这家餐厅没有从空间设计、营销方案、菜品等多种渠道去进行改善的话，近乎惨淡的经营一定还会延续下去。这种类似于蝴蝶效应的连锁反应，对餐厅空间设计有很大的影响。

2. 就餐体验

从餐厅空间设计的角度来说，如果能营造一种舒适的就餐体验，使客人的就餐过程更加愉悦，从而产生对餐厅空间的美好回忆，这种餐厅设计就是成功的。物理因素对于影响群体的就餐体验有着至关重要的作用，物理因素就是房间里的光照强度、湿度、椅子的触感等。例如，餐厅的座椅可以对客人是快速吃完就走还是慢慢享用产生影响。冰岛 Yuzu 汉堡餐店座椅设计了吧台高脚凳和沙发区域，供有不同就餐需求的客人进行选择。

餐厅空间设计中的很多因素都能反映出设计心理，对座椅的选择就是一个很典型的例子。所有环境要素的组合，会影响客人的感知和行为，从而影响他们在此停留的时间。如果此次就餐体验对餐厅中的某些元素或是装饰细节有深刻的印象，他们会选择再次光临。

3. 文化背景

客人的文化背景也会影响到群体空间的感觉和认知。例如，在中国或韩国，人们喜欢在热闹的氛围中就餐；而在日本，即使是在最繁华热闹的东京市区，日式茶馆里依然是静谧的氛围。这反映了完全不同的文化导向。由霍尔发展起来的空间关系学理论，研究不同文化背景中人们的感受，他的论点是：人们对空间的理解，不仅仅来自他们的感官，在某种程度上是由文化背景决定的。

（二）个体心理

在设计餐厅的整体环境时，需要考虑到每个个体对环境的心理感知有所不同。

个人心理空间在公共空间中的尺度尤为关键，这些心理空间来自客人对餐厅整体环境和细节的反馈，这是从生理到心理的一个感知过程。感觉器官分为间接感觉器官和直接感觉器官。间接感觉器官，如眼睛、鼻子、耳朵，它们用于感受远处物体或气味，这些感觉器官无须触碰到物体或人就能收集到信息。直觉感觉器官，如皮肤、手、脚，这些器官能够近距离地感受周边环境。因此，通过个体身体感知的不同，环境造成的心理感知也会不同。

1. 视觉空间

（1）视野范围。客人坐在餐厅大厅时的视野范围要比在包厢内广阔得多。客人如果选择可以同时坐多人的长椅就可以拉近彼此之间的距离，这不同于坐在包厢的客人，尤其是当他们坐在独立的高背椅上的时候。坐在大厅的客人，受周围环境的干扰很大，而坐在包厢的客人因视野范围受限，空间显得较为隐蔽。大厅能够带来较多的视觉刺激，能够促进快速翻台，特别适合以零点为主的餐厅和大型宴会厅使用。包厢由于视野范围受限，是较为私密的空间，这种就餐方式的翻台时间长，但适合商务人士洽谈和浪漫的情侣约会。

（2）个人空间。个人空间注重真实的存在感，所以桌子本身的功能和摆台方式会对就餐有影响。例如，卡座区的桌子会形成一种组团形式，不会让人觉得自己的空间中还有其他人。独立式的四人位是餐厅中最常见的摆台方式，因为这种摆台可以创造亲密感，并减少看到整个餐厅而造成的视觉分散。紧凑型的餐厅空间也可以进一步减少视觉分散，这样会使整个空间显得颇具人气。调整灯光亮度和灯光的冷暖色调对于餐厅空间氛围的营造也至关重要。

（3）视觉调整。一些餐厅的空间中常会采用镜面或能够反光的材料来巧妙地处理餐厅的视觉空间。镜面的反射性不仅能给人以空间扩大的感觉，而且还能扩大视觉范围。但如果餐厅空间中的镜面关系使用不当或者过度使用可能会导致视觉干扰、方向迷失。天花板上的镜子也可以使幽闭的空间变得开阔，同时让它明亮并充满活力。另一个改变餐厅空间最有效的方法是将视准线降到最低。例如，磨砂玻璃和玻璃墙可以限制人们的视觉感知。人们可以通过玻璃看到里面的光线和动作，但是就餐所需的亲密感就会有所保留。此外，还可以通过限定视野范围，如设计隔断划分出办公、半公共、私密这些不同功能的就餐空间，以满足其功能的需求。

2. 听觉空间

（1）就餐区的听觉空间。在一些餐厅就餐时，嘈杂的声音往往盖过与同伴交流的声音。因此，在设计餐厅的空间时，需要考虑到让就餐者能够听到同伴的谈话，并能以正常的音量与服务员交流。餐厅中有适度的背景噪声会让就餐者感觉身处一个自在舒适的就餐空间，不会觉得过于拘束和尴尬。在设计餐厅空间的时候应仔细考虑声音环境，注重听觉空间给人带来的心理感受。

（2）后厨的听觉空间。厨房的听觉空间也是很重要的，厨房在进行烹饪时本身噪声较大，加上工作人员和服务员的大声交流会更加嘈杂。餐厅数字化信息手段的利用，如远程打印机与收银机相连，会使后厨的工作人员与前台的服务员面对面的沟通减少，可以避免噪声干扰。

（3）就餐区与厨房连接处的听觉空间。可在厨房入口附近设置备餐台，使就餐区与厨房的距离变远，降低从厨房传入就餐区的声音。也可以给厨房设置双重门，以有效降低噪声。

（4）营造舒适的听觉空间。由于餐厅本身是一个较为嘈杂的场所，一些新材料的运用可以有效控制噪声：质地柔软的材料，如地毯、布艺、良好的吊顶及吸音壁面材料都可以消除或减少噪声。另外一个缓和噪声的有效方法是使用背景音乐，很多餐厅通过播放适合餐厅品位的音乐来减少其他餐桌的谈话声、餐具的撞击声等。控制背景音乐的音量是非常重要的，注意不要因为音量而让客人感到焦躁不安。

3. 嗅觉空间

（1）香气。香气弥漫的餐厅对于就餐者来说能起到积极的作用，如果没有对气味的印象，记忆有可能会变得模糊。面包房新烤出的面包香味和烧烤店里弥漫的烤鱿鱼的香味，有助于刺激客人的食欲，从而记住这家餐厅。现在很多酒店或餐厅的通风系统中也会加入香氛，慢慢散发出的香味或菜肴的味道能唤醒记忆。

（2）现场烹调。另外一个深化客人嗅觉体验的方法是现场烹调。在一些西餐厅中，在加热的牛排上放一点辣椒酱，"滋滋"的响声伴随着酱料散发出来的香味能引导客人的嗅觉。在日式和韩式的铁板烧餐厅中，厨师会在用餐者面前的铁板上进行烹饪，有的餐厅可以由客人自己动手烧烤，整个就餐过程的嗅觉体验会更加深刻。

（3）细节。不良气味会带来消极的影响，例如，若使用陈旧或未清洗干净的毛巾擦拭餐具的话，器物中就有难闻的气味，当往杯里倒入酒水或饮料时，就会有不好的就餐体验，这些都是必须考虑到的细节。

4. 味觉空间

（1）菜品的味道。菜品是所有餐厅味觉元素中最重要的部分。"色、香、味"概括了客人对菜品的要求。如果菜品的呈现方式单调，看了让人也不会有什么胃口。菜品搭配令人愉快的饰品，才会让人垂涎欲滴。

（2）包装设计。餐厅中的很多包装设计都是通过图片的味觉提示让人觉得食物富有营养价值。特别是咖啡厅、快餐厅等连锁餐厅，往往都重视食品包装的设计（见图1-12）。

（3）企业品牌形象。企业品牌形象对于用餐者的影响不容忽视。广告公司曾经做过调研，以肯德基的包装为样品给孩子们做实验，有些汉堡用肯德基的包装物，有的汉堡则使用普通的包装，

图1-12　SLAB TOWN 与店铺风格一致的橄榄绿咖啡盒包装

调研结果显示孩子们还是更喜欢用肯德基品牌包装的汉堡的味道。

图1-13 浮域餐厅的墙面与艺术装饰

5.触觉空间

（1）空间质感。触觉空间其实包括实际接触的东西和眼睛看到的东西。一套精美的器物，器物的质地和客人的触觉有关系，漆涂层的墙面，漆表面是通过视觉感知的。触觉空间是极为重要的，因为它能让人从心理上感觉到一个空间的氛围：既可以让人觉得温暖舒适，也可以让人感觉清冷。触觉感官中的视觉和人们对周围环境的印象有关，通常令人印象深刻的餐厅建筑材质和装饰表面，或者装饰和艺术品都可以让人觉得亲切安全。图1-13中浮域餐厅大地色系的墙壁与餐厅洞穴风格的艺术感很匹配。

（2）家具及陈设。对于餐厅里可以触碰到的物品，如座位和餐桌上的摆设，都和人们的就餐体验密切相关。例如，座椅的舒适度就对于就餐时间的长短有很大的影响。天然材料的椅子、装软垫子的座椅和扶手椅都非常舒服，可以在高档餐厅使用，舒适的座椅会让客人们觉得心满意足，就餐时间可以持续1~3小时。相应的这些餐厅的菜肴价格自然不菲，可以用于弥补翻台率的不足。快餐店的座椅看上去令人悦目，但不适合长时间久坐，快餐厅追求的是翻台率。自助型餐厅通常是在有限的时间内服务较多就餐者，舒适的座椅会使翻台率变低，并且会让其他等候用餐的客人心存不满，因为他们要端着装有食物的餐盘在餐厅里四处找座，然而这种情况与之前讨论的"人多的餐厅错不了"的群体心理又是矛盾的，两者需要调和与平衡。

（3）桌面。无论是哪种类型的餐厅，餐桌上的物品，如桌布、餐具、器皿、碗筷等，对客人的就餐体验都起着重要作用。在菜价不贵的一般餐厅，餐具的选择对于就餐者的体验也很重要，因为就餐者直接接触餐桌上的物品，从碗到玻璃杯都应认真挑选。餐桌上铺亚麻桌布，上面摆放精美的餐具，强烈的质地对比可以给用餐者带来愉悦的就餐体验。桌面的考究与用心的细节设计能带给客人不一样的感受，从而潜移默化地影响他们的就餐体验。

（4）卫生间。卫生间是客人在餐厅用餐过程中很注重的一个空间。大家会下意识地认为卫生间不干净就代表着厨房也不干净。同样地，关注卫生间的细节会让客人觉得餐厅很注重用餐体验的各个方面。

（5）温度。触觉空间还与温度相关。在餐厅中，热的房间明显让人感觉比凉爽的房间拥挤。因此餐厅可以设计中央空调，以保持室内相对凉爽，这样客人就不会觉得拥挤。相反地，如果餐厅上座率只有一半，那么较为暖和的室温可以让餐厅受益，因为温暖有助于让人感觉餐厅内有更多的客人。

（三）心理空间

1. 人际交往中的空间距离

人与人之间有着看不见但实际存在的界限，这就是个人领域的意识。因此根据空间距离不同，也可以推断出人们之间的交往关系（见图1-14）。一般来说，交际中的空间距离可以分为以下四种。

（1）亲密距离。亲密距离在45厘米以内，属于私下情境，多用于情侣，也可以用于父母与子女之间或知心朋友间。两位成年男子一般不采用此距离，但两位女性知己间往往喜欢以这种距离交往。亲密距离属于很敏感的领域，交往时要特别注意不能轻易采用这种距离。

（2）私人距离。私人距离一般为45~120厘米，表现为伸手可以握到对方的手，但不易接触到对方身体。这一距离对讨论个人问题是很合适的，一般的朋友交谈多采用这一距离。

（3）社交距离。社交距离大约为120~360厘米，属于礼节上较为正式的交往关系，一般工作场合人们多采用这种距离交谈。在小型招待会上，与没有过多交往的人打招呼时可采用此距离。

（4）公共距离。公共距离指大于360厘米的空间距离，一般适用于演讲者与听众、彼此极为生硬的交谈及非正式的场合。在商务活动中，根据其活动的对象和目的，选择和保持合适的距离是极为重要的。

个人的领域感和人与人之间交流的空间距离是人基本的心理感受。人在室内的环境中一般都不喜欢其活动被外界干扰，活动主体有其必要的生理和心理活动范围，不希望被外来的人与物打破。例如，在餐

图1-14 芬兰人在车站等车时的社交距离

厅里，如果就餐者吃饭时旁边有人等候就会给人带来不愉快的感受，因此在很多餐厅会有专门的等候区。不同的餐厅空间有不同的活动范围，需要划分不同的领域。在餐饮环境中，客人除了自身活动外，还需要与其他人进行人际交流或者发生各种人际接触，这时就需要人与人之间的空间距离。不同的场合和不同的接触对象上有所区别，在空间距离上也各有差异。

图 1-15　上海外滩英迪格酒店餐厅

2."瞭望—庇护"理论

英国地理学家 Appleton 于 1975 年提出"瞭望—庇护"（Prospect—Refuge）理论，强调了人的自我保护本能在其风景评价过程中的重要作用。人类需要景观提供庇护的场所，并且这个庇护的场所能够拥有较好的视线以便他能够观察。瞭望—庇护理论反映了人的自我保护本能在其风景评价中的重要作用，同时还反映了人是作为一种高智能的动物出现于自然环境中的。人不会只满足于眼前的生活空间的安全和舒适，还要利用种种景观信息去预测、探索未来的生活空间。

"瞭望—庇护"（Prospect—Refuge）理论反映的是人的行为心理和空间环境的互动关系。要求空间具有安全性、舒适性、可选择性和多选择性（根据行为、季节等），这对于餐厅设计有重要的指导作用，个体在室内环境中的生活、生产活动，也总是力求其活动不被外界干扰或妨碍。所以，在餐厅选座位时，大家通常会选择远离门口、靠近窗户的位置，这样可以保持个体一定的私密性，不受到别人的干扰。上海外滩英迪格酒店餐厅的鸟笼形半开放就餐区设计，让客人在就餐时安静舒适又有安全感（见图 1-15）。

3.边缘效应

在餐厅设计等候区域或者停留区域时，要明确客人并不喜欢停留在接近就餐区的空间范围内，

图 1-16　靠窗座位视野通透

而是更愿意待在柱子边或者观赏物的旁边，适当地与人流通道保持距离，这就是所谓的"边缘效应"。例如，在餐饮环境中，如果允许客人首先选择，客人对餐厅中餐桌座位的挑选相对不喜欢选择靠近门口以及有人流频繁通过的座位，而愿意选择靠墙或者靠窗的位置（见图1-16）。因为这样的尽端空间相对较少受到干扰，客人心理上会倾向于选择尽端的位置，因此在设计上要平衡好尽端位置的空间和其他空间的关系。

复习与思考

一、简单题

1. 中国饮食文化的发展经历了哪些阶段？

2. 人际交往的空间距离有哪些？

3. "瞭望—庇护"理论对餐厅设计的影响是什么？

二、运用能力训练

收集和调研所在学校校园的空间环境，分析校园中大家最愿意停留的交往空间，配以图片说明。

推荐阅读

扬·盖尔.交往与空间［M］.北京：中国建设工业出版社，2002.

第二章
餐厅空间的设计要点

● 本章导读

　　餐厅空间设计与一般的室内设计有所不同，它有着自己独特的设计原则，不同的餐厅空间设计都有着明显的专业特点和不同的程序。餐厅空间设计的内容也涵盖了多方面的学科知识，餐厅设计师应该掌握餐厅空间设计的要点，只有这样才能设计出成功的作品。

　　本章介绍了餐厅空间的设计原则与方法，餐厅空间设计的细分与定位，以及餐厅空间设计的程序与定位。通过本章的学习，能够对餐厅空间设计的要点有所了解。

知识目标

1. 了解餐厅空间设计的原则与学习方法。

2. 了解餐厅空间设计的细分与定位。

3. 了解餐饮空间的经营管理内容。

能力目标

1. 运用餐厅空间发展的理论，熟悉餐饮空间设计的方法。

2. 根据设计的需求，对所设计的餐厅进行有效的市场细分。

3. 通过对餐厅空间设计案例的学习，确定餐厅空间的设计定位。

第一节　餐厅空间的设计原则与方法

一、餐厅空间设计的原则

学习和掌握空间设计原则有利于对各类餐厅空间进行总体规划安排和设计。

（一）市场性原则

市场导向性原则是餐厅设计的重要原则，市场导向性归根结底是要把握目标客人的需求，遵循人的消费心理、审美要求以及餐饮行为的特点，做到设计为人服务。餐厅空间设计在经济迅速发展的信息化时代的影响下，其表达形式也日益个性化与多元化，餐厅空间设计的表达不仅是对艺术的理解，也是对一种特定文化的理解，对人的生活方式的理解，同时也在不断地促进着餐厅空间设计的发展，市场定位包括餐厅经营的菜系和特色、规模等级、服务对象和范围等。

（二）适应性原则

餐厅设计是餐馆经营的基础环节，其中包括选址、餐厅环境设计、平面设计、空间设计及软装设计等，这一切都必须适应餐厅的基本功能需求。不同经营理念、经营内容和规模的餐厅，其设计的重点和原则也各有不同。餐厅设计还应与当地的环境相适应。餐厅的设计一方面要适应客人的偏好，另一方面也要考虑当地的环境，需要考虑土地、环境等因素，尤其是周边居民的生活情况。

（三）便利性原则

餐厅设计除了要注重客人的需要以外，还需要方便服务与管理。餐厅的产品服务和生产销售及消费基本上是在同一时间内进行，并且是在同一场所发生的，客人动线与员工动线紧密联系，所以在考虑客人的同时，也应同时考虑如何尽可能地方便员工及管理者。

（四）独特性原则

餐厅设计的特色与个性化是餐厅取胜的重要因素。如果设计与餐厅运营脱节、缺乏主题性，或是过分地趋于一致化或盲目地追求"流行"而缺乏个性和特色，盲目堆砌高档装修材料，对整个餐饮业的发展是不利的。餐厅空间应是商业与艺术、创意与功能的结合，餐厅空间应商业与艺术并重，在满足市场定位和使用者的功能需要的情况下，运用独特的形式语言来表现题材、主题、情感和意境，能激起人们产生审美共鸣。

（五）文化性原则

随着经济的发展，社会文化水平的普遍提高，人们对餐饮消费的文化性要求也逐步提高，需要通过餐厅文化氛围的营造与文化附加值的追加吸引客人。无论从餐厅建筑外形、室内空间分隔、色彩设计、照明设计乃至陈设品的选用都应充分展现具有特色的文化氛围，打造具有美感与设计感的餐厅形象。

（六）灵活性原则

餐厅的灵活性一方面体现在菜肴口味的更新上，另一方面也体现在餐厅设计上。在设计餐厅时应根据经常性、定期性、季节性以及与菜肴产品更新的同步性、适应性原则，通过对餐厅某些方面，如店面、店内布局、色彩、陈设、装饰等合适地调整变更，达到常变常新的效果。上海新天地的幻品甜品店在某年夏季推出了限时两个月的"火烈鸟主题梦幻甜品"，得到市场的一致好评。

（七）多维性原则

1. 二维设计

二维平面设计是整个餐厅设计的基础，它是运用各种空间分割方式来进行平面布置，包括餐桌或陈列器具的位置、面积及布局、客人通道、员工通道、货物通道的分布等。合理的二维设计是在对供应餐饮产品的种类、数量、服务流程、经营管理的体系，以及客人的消费心理、购买习惯、餐厅本身的形状大小等各种因素

图2-1　Blue Car 汽车主题餐厅的就餐区

进行统筹考虑的基础上形成的量化平面图。根据人流、物流的大小方向，人体学等来确定通道的走向与宽度；根据不同的消费对象分割出不同的消费区域，如散客大厅区、无烟区、儿童玩耍区、豪华包厢区、待客休息区（见图2-1）。

2. 三维设计

三维设计即三维立体空间设计。三维设计中针对不同的客人及餐饮经营产品，运用粗重轻柔不一的材料、恰当合宜的色彩、造型各异的物质设施，对空间界面及柱面进行错落有致的划分组合，创造出一个使客人从视觉与触觉都感到轻松舒适的用餐空间。例如，采用带铜饰的黑色喷漆铁板装饰餐厅中的柱子，能营造坚毅而豪华的气势，较为合适提供商务套餐的商务型餐馆；而采用喷白淡化装饰，用立面软包设计圆柱，则更易创造出较为温馨的环境，适合于以白领女性或家庭为服务对象的餐馆（见图2-2）。

图2-2　上海好厨 ITC 花厨餐厅用花卉营造出浪漫温馨的氛围

3. 四维设计

四维设计主要突出的是餐厅设计的时代性和流动性，即在餐厅中运用运动中的物体或形象，不断改变处于静止状态的空间，形成动感景象。流动性设计能打破餐厅内拘谨呆板的静态格局，增强餐厅的活力与情致。餐厅的动态设计可以体现在多个方面，如餐馆内美妙的喷泉、不断播送各种菜品信

息的电子显示屏以及旋律优美的背景音乐等。

上海爱搂餐厅

请扫描二维码
进行学习

　　爱搂餐厅位于上海新开发的露天购物中心"丰盛里"。餐厅是由 19 世纪中叶殖民遗产建筑设计改造而来。该殖民建筑曾经作为政府机关的办公场所。遵照历史保护手册，建筑大部分的外部造型不变，内部已经完全改变。客人通过茶吧进入主要用餐区是从旧到新的过渡。进入内部后，大约 35000 米的 3 种不同色调的"金链条"构成了起伏的雕塑般的曲面。每层都经过精心雕刻，以还原山区茶园，并为需要隐私的顾客形成遮挡。用"金云"的造型遮盖了位于店铺中间的结构柱，将其转变为视觉焦点。链条的柔软性使顾客能够触摸和感受它们。沙发座位后面的灰色镜面设计反射了金色波浪，让客人感到他们像是在森林中的树冠下用餐，还扩展了视觉的空间感受。

　　整体选择柔和的材料面板，如灰色水磨石、哑光黑色喷漆木材和灰色装饰面料，与上面的起伏结构形成鲜明对比。链条保留了穿透感，同时也隐藏了商店所需的所有技术设备（照明、音响、喷淋、摄像头）及消防门。同时还在建筑物的外立面周围小心地嵌入黄铜拱门和窗框，为外部走廊增加了更多的室内空间。

　　（资料来源：http://loftcn.com/archives/84404.html。）

二、餐厅空间设计与学习的方法

（一）餐厅空间设计的方法

1.实地调研

　　实地调研是餐厅空间设计的基本方法。只有亲自去考察、比较各个餐厅空间的情况，如雅座、散座、包房、厨房、卫生间等，了解各个空间的氛围、需求、工作人员的工作流程、宾客的动线流程、厨房的功能分区等，才能进行有效的功能、交通动线、空间秩序的思考。

2. 明确目标

设计之前要明确餐厅的目标：餐厅空间能够提供给客人什么样的菜肴？餐厅空间能够提供给客人什么样的空间？餐厅空间的设计定位是什么？环境、交通动线、功能布局、陈设、装饰、材料等如何安排，如何设计？业主的设计要求、精神理念和设计定位是什么？这些都是进行设计时需要考虑的内容和出发点。

3. 分析思考

无论什么样的餐厅空间，作为设计的人员，都需要了解业主的设计要求和设计定位、大致的造价。设计人员需要去餐厅空间进行现场的勘察，了解具体的地理位置和朝向；需要做一些市场调查与同行业的设计进行比较：包括现场用数码相机拍照、同行业经典作品的电子文件或图书的学习。

设计人员需要结合市场调查、行业比较、现场调研，以及业主的定位、市场需要来进行设计：功能空间、交通动线、空间的大小、装饰效果等是设计的主线，这是设计思考的方向和方法。

（二）餐厅空间设计学习的方法

在餐厅空间设计的教学的过程中，笔者发现很多学生的思维非常活跃，会对餐厅定位有很多自己的想法，但有的设计会缺乏客观性和合理性。如何来进行合理的设计，需要我们在学习过程中掌握一定的学习方法。

1. 体验生活

作为餐厅空间设计的学习者，应该细心观察和体验生活，在观察中学习，在体验中学会思考，无法想象没有到过餐厅的人能够从事餐厅空间设计的工作。没有亲自体验过餐厅环境的人不可能了解客人的需求，没有到过厨房的人不可能知道厨房的流程和功能。只有大量地、深入细致地观察和体验，才能掌握第一手资料，并以此作为餐厅设计研究的基础。

2. 提出问题

设计是以问题为导向的研究性工作，有价值的问题不会让我们盲目地、没有目标地进行设计。在豪华的都市，在疲劳的工作、拥挤的交通、淡漠的情感、紧张的生活、快节奏的时代里，人们为什么去我们设计的餐厅里吃饭（设计的理由）？他们如何吃饭（就餐的行为）？他们需要什么样的餐厅（设计的定位）？我们能够为他们提供什么（寻求融合）？这些都是我们需要寻求的答案。只有不断地提出问题，才有可能推翻自己一些不成熟的想法，让自己的设计更具有客观性和合理性。

3.角色互换

我们在学习餐厅设计的过程中，角色互换可以使我们"处处为他人着想"，站在客人的角度提出问题：如果我是客人，我去餐厅想获得什么？是产品的质量，还是环境，抑或是服务？反过来站在企业一边又会提出：如果我是业主，我要卖出的产品是什么？怎么卖出？卖给什么人群？成本和回报的时间是多少？企业将来如何可持续地发展？如果我是员工，我需要什么样的工作环境？什么样的工作条件？工资待遇是多少？企业是否能给我发展的机会？只有设身处地地去为他人着想，自己的设计工作才能获得尊重和信任，设计的作品才能得到大家的认可。

第二节　餐厅空间设计的细分与定位

一、餐厅空间设计的细分

（一）根据地理环境细分

按照消费者所处的地理位置、自然环境来细分市场。比如根据国家、地区、城市规模、气候、人口密度、地形地貌等方面的差异将整体市场划分为不同的小市场。处在不同地理环境下的消费者对于同一类产品往往有不同的需求与偏好，在不同的地域环境下，人们的消费观念以及消费偏好、消费口味是完全不同的。餐

图2-3　辻利抹茶餐厅

厅首先可以根据所处的地域环境，或是目标客人所处的地理位置进行市场细分，确定餐厅的经营特色。例如，辻利抹茶餐厅通过具有日本特色的茶箱等民俗文化的展示和当地物件的陈列来表现日本宇治抹茶的风情特色（见图2-3）。

● 案例学习

Masizzim韩国餐厅

请扫描二维码
进行学习

　　Masizzim 是一家 250 平方米的韩国餐厅，在整个设计过程中融合了现代设计特色和微妙的韩国传统元素。Masizzim 位于维多利亚州格伦韦弗利市格伦购物中心的餐厅区。Masizzim 热情好客，充满现代气息，洋溢着正宗的韩国风情。它通过结合木材、板岩、竹子和钢铁元素，激发客人视觉感和好奇心，营造出内部和外部边界模糊的戏剧性美感。内饰温暖、宁静、精致，与柔软的木质和竹饰面无缝融合。

　　餐厅空间的灵感来自传统的韩国建筑，具有层次感和自然主义的外观。一幅描绘韩国乡村景色的彩色半透明壁画，眼睛的焦点和顾客的接触点，有助于通过使用传统民间艺术唤起好奇心和真实性。带纹理的网状玻璃，垂褶的帆布和带纹理的瓷砖墙有助于营造柔软感和趣味性。禅意墙照明带轨道点和窄光束进一步补充了空间，营造出柔和的气氛并增添了一点戏剧性。极简主义的布局提供了灵活性：可以移动的较小桌子，在安排和使用空间方面提供更大的灵活性。雕刻的竹树将眼睛吸引到空间的背面，进一步营造出深度和开放感。

　　（资料来源：http://loftcn.com/archives/151082.html。）

（二）根据人口因素细分

　　根据人口因素划分，是以人口统计变量，如年龄、性别、家庭规模、家庭生命周期、收入、职业、教育程度、宗教、种族、国籍等为基础细分市场。以前儿童一直是餐饮市场上被忽略的消费群体。随着营销观念的发展，儿童和老人作为餐饮市场上的两级消费群体，开始受到极大的关注。作为一个特定的消费群体，儿童的消费数量非常庞大，且这些小客源具有消费频率高的特点。

　　例如，麦当劳通过市场调查和市场细分，发现成人市场已趋于饱和，竞争十分激烈。要想在汉堡市场上长期立足，必须开辟新的目标市场，减少与其他竞争对手的正面交锋。儿童市场在当时并未引起人们的注意，因而麦当劳将目光瞄准了儿童市场。麦当劳消费人群的定位是少年儿童并以此辐射青年和成年人群。据统计，美国 13 岁以下的少年平均每周吃 79 个汉堡包，7 岁以下儿童快餐市场中，麦当劳获得 42% 的占有率。麦当劳所创造的麦当劳叔叔是人们熟悉的麦当劳人物形象，麦当劳叔叔的形象喜庆、友善，从视觉识别上、心理上吸引住了客人，给人们留下良好的印象。针对目标客人，在区域功能的划分上，麦当劳在店内设置了专门的游乐区，儿童可以玩耍，而家长们也可尽情享受清闲自在。

（三）根据经济因素细分

主要是根据目标客人的经济收入来划分市场。不同的收入阶层，其在消费方式、消费额度、消费偏好上的表现也是不同的。经济因素是决定一个人消费能力大小的主要因素。餐厅应该明确目标客人的购买能力，据此进行定位，推出对应的餐饮和服务。例如，一家以普通工薪阶层客人为主要对象的餐厅，如果将自己的产品定位为豪华奢侈，就会让目标客人望而叹息。相反地，餐厅环境清洁布置讲究家居化，菜肴定位大众平民化，可以使目标客人满意。

（四）根据客人的心理以及社会因素细分

客人的生活方式、价值观念、教育程度、职业特点，都会给客人的消费习惯带上明显的个人色彩。根据客人的心理和社会因素进行市场划分，具有较强的现实指导意义。现代消费社会，人们的消费观念发生巨大变化，而更以年轻人变化最为明显。世界上第一家黑暗餐厅开在瑞士，是一位盲人牧师为了替盲人提供就业机会而开设的，餐厅内一片漆黑也是为了让普通人能体会盲人的黑暗世界。客人用餐时看不到任何东西，只能听到咀嚼食物的声音，闻到食物的香味，这样就餐可以促进食欲，而且也能用心聆听同桌友人说话，不会分心，这样的餐厅就是猎取人们的好奇心理。

（五）根据客人用餐目的细分

客人外出就餐是有不同目的的：有的客人是为了举办婚礼、全家团聚、宴请朋友、欢庆特别的纪念日；有的客人是为了调节一下紧张的生活节奏。根据不同的就餐目的，用餐客人对餐厅的菜肴质量以及外观、餐厅布局会有不同的要求。例如，上海国际会议中心宴会厅主要以接待会议及婚宴客人为主；胡桃里音乐餐厅的客人群体主要是喜欢休闲氛围的年轻人及家庭群体。

二、餐厅空间设计的程序及定位

（一）餐厅空间设计的程序

第一，调查、了解、分析现场情况和投资数额。

第二，进行市场的分析研究，做好客人消费的定位和经营形式的决策。

第三，充分考虑并做好原有建筑、空调设备、消防设备、电器设备、照明灯饰、厨房、燃料、环保、后勤等因素与餐厅设计的配合。

第四，确定主题风格、表现手法和主体施工材料，根据主题定位进行空间的功能布局，并做出创意设计方案效果图和创意预想图。

第五，与业主一起会审、修整、定案。

第六，进行施工图的扩初设计和图纸的制作：如平面图、天花板图、地坪图、灯位图、立面图、剖面图、大样图、轴测图、效果图、五金配件表、灯具灯饰表、室内装饰陈列品选购并制作好详尽的设计说明等。

餐厅空间的设计程序具体可通过图 2-4 展示如下。

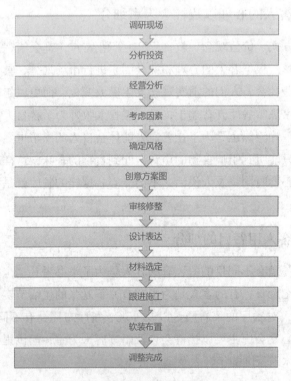

图 2-4　餐厅空间设计流程

（二）餐厅空间设计的定位

在进行餐厅空间设计时，首先要端正自己的价值观，明确设计是以人为中心的。在餐厅客人和设计者的关系中，应以客人为先，而不是设计者的自我表现。餐厅的功能、性质、范围、档次、目标、原建筑环境、资金条件以及其他相关因素等，都是设计者必须要考虑的问题。设计创意需要灵感，但灵感不是凭空想象而来的，它需要有专业的基础知识和设计表达能力，加上长期的知识积累、辛勤的探索以及对艺术设计的敏锐感，这些需要设计者有广泛的其他学科的理论知识水平，如建筑学、景园学、人机工程学、心理学、餐饮学、销售学、美学、社会学、物理学、生态学、色彩学、材料学、营造学、史学、哲学、设计学等，还需要对设计对象进行认真与细致的分析，如果目标定位准确了，对整个餐厅空间设计的成功将起到决定性的作用。

按照定位的要求，进行系统的、有目的的设计切入，从总体计划、构思、联想、决策、实施等环节发挥设计者的创造能力。从空间形象展开构思，确定空间形状、大小、覆盖形式、组合方式与整体环境的关系。利用各种设计资源，从各个角度，寻找构思灵感，利用各种技术手段完善设计构思。为了目标定位更趋完美，设计切入更加准确，我们在设计构思方案时必须要与餐厅业主、有关部门的管理人员、施工人员就功能、形式、使用、经济、材料、技术等问题进行讨论，征求意见，采纳他们合理的意见和建议，调整完善设计内容。

● 案例学习

深圳星美聚新加坡风情餐厅

"花园城市"新加坡

新加坡是一个奇妙的地方，它是城市，也是首都，更是国家。被誉为"花园城市"的新加坡是一个多元文化融合的移民国家，它既留存着天然淳朴的东南亚文化，又融入了现代化潮流文化。如何在这种多元文化的融合中找到一个平衡点是本案设计的重点。

请扫描二维码
进行学习

城市象征·鱼尾狮

本设计案的最大亮点是将新加坡的城市象征"鱼尾狮"进行了几何化的抽象处理。立体化的几何鱼尾狮塑像放置在餐厅入口，强化了客户对餐厅的第一印象。

不仅"鱼尾狮"和立体灯箱令人印象深刻。门头的拱形设计和开放且兼具外卖功能的水吧也是硬朗的几何形态，这区别于一般东南亚餐厅的风格，凸显了其新加坡风格定位。

藤编·元素提取·转化应用

空间设计上，本案设计师选择了东南亚最具代的材质之一的"藤编"，从藤编的编织脉络中提取出方格元素，并将其铺呈于餐厅空间，使格子元素贯穿整个餐厅。

该餐厅就像是一个新加坡街道，热闹精致，风情独到，热带植物装点空间，活力十足。玻璃隔断与连廊分割出"室内"与"室外"。其中，连廊和门头保持造型一致，空间得以延展的同时又有玻璃来隔断空间，使餐厅兼得开放性和私密性。

本餐厅既设计出新加坡风情的大场景、大氛围，在细节处理上又巧妙独到，如隔断上的灯光运用，柔和了餐厅氛围，潜移默化地将热情浓烈的新加坡风情稀释到客户的用餐体验中。

（资料来源：http://loftcn.com/archives/152880.html。）

第三节　餐厅空间的经营管理

一个餐饮项目的落地实施，除了视觉层面的空间设计外，设计和经营管理也很重要，这对于餐厅未来的良性发展至关重要。餐饮业属于服务行业，管理策略同样重要，餐厅空间的经营管理就是最大限度地发挥资源使用价值的过程。在对市场有了充分了解之后，就可以开始考虑餐厅设计的理念。

一、经营方向

在餐厅设计之初，设计者应从经营角度进行分析，主要包括三个方面：经营统筹考虑、餐厅设计主题和突出设计优势。把握好这三个要点，能够为设计方案提供有力的设计骨架，并可较好地满足业主需求。

（一）经营统筹考虑

在大多数情况下，经营者对自己餐厅的经营和设计会有很多的想法，但因为餐厅经营包含着菜品、设计、服务等各种因素，所以这是一个综合体共同运转的过程。厨师更关注菜品的品质，餐厅经理看到宴会厅可以带来更高效益，会对零点餐厅的生意稍有忽视；室内设计师更关注创建一个更具视觉冲击力，甚至是能够唤起客人对于空间情感的餐厅。

从发展的角度看，餐厅一般 4~5 年就面临着升级问题，也就意味着需要进行翻新设计。简单意义的餐厅翻新是涂上一层新漆、改变一下吊顶的设计、安装新的灯具等，这种翻新因为资金投入较少而容易收回成本，但如果彻底翻新就需要对现有的餐厅做全面改造，打造一种全新的理念。进行这样全面的改造需要投入大量的资金，这就要考虑通过对菜品的涨价来收回增加的成本，从而提高收入。

最理想的状况是餐厅所在为相对独立的建筑。在打造独立的新餐厅时，室内外建筑风格很容易依照设计理念统一规划和设计。在现有的建筑里设计餐厅很具有挑战性，因为空间有限，制约着设计师的灵活性。例如，层高、承重柱等这些原建筑环境条件会在很大程度上制约餐厅的室内设计。在这种情况下，建立与现有建筑兼容的设计理念至关重要。

（二）餐厅设计主题

随着时代的发展，鲜明的主题性设计已经成为许多餐厅的核心设计理念。例如，喜茶的成功除了热衷探索新式茶饮之外，也离不开它致力于塑造高辨识度的茶饮空间。每家喜茶店都被赋予新的概念，LAB、白日梦计划、黑金、PINK 主题店各具特色。没有两家喜茶是相同的，COOL、INSPIRATION、ZEN、DESIGN，每一家门店都是一个灵感诠释的过程，还有一类甚至是会随着季节变化和聚会主题而改变的餐厅，通过这些来体现其服务理念。

在许多餐厅设计中，特别是一些中小型餐厅的设计，可以具有更多的灵活性。设计理念更倾向于围绕主题模式展开，如一个想法、一种形象、一种轮廓或图

图 2-5　Fumi Coffee 门头设计

案，也可围绕建筑风格或将理念凝聚在一起。例如，为传递咖啡所带来的无形愉悦，Fumi Coffee 的天花板设计为一件装置作品，用动线型的雕塑造型来影射咖啡的香气四溢。雕塑在吧台处微微倾斜的角度，为咖啡师的技艺展示提供了华盖与舞台（见图 2-5）。

（三）突出设计优势

餐厅的核心是菜品和服务，但是通过设计可以突出餐厅的独特优势，比如可以通过餐厅的外部建筑设计突出餐厅的视觉形象。例如，麦当劳普遍采用的金黄色拱门造型就是餐厅外建筑的标志性特征。

二、经营方式

经营理念有助于制定整个餐厅的设计原则和设计核心，独立经营的餐厅和连锁店的经营思路就大不一样。连锁店在设计时更注重实用性、模仿性和安全性，而独立的餐厅则更倾向于自己独特的设计品位和菜肴。

（一）经营时间

寻求长期稳定发展的经营者可能将大部分资金用在设计上，以期打造一种有口皆碑的经典设计，这是一种长线的经营思路，经营者会谨慎地选择设计师来进行设计，针对未来比较长的一段经营时期和设计师进行讨论，这对设计师来说也是一种挑战。从设计上来说，餐厅整体风格要在比较长的一段时期内有一定的适应性，还要考虑到材料的坚固性和耐久性，以便于餐厅的长期使用。

还有一种短线经营的策略。有的经营者寻求前期资金投入最少的餐厅来经营，只想要餐厅开业之初所得的盈利，再利用所得的收入去投入新的短期经营的餐厅。这对于设计来说，最大的影响莫过于对整体装修的造价考虑，这种思路适宜于一些小型餐厅和快餐厅。

（二）菜单及菜品规划

菜单及菜品规划也是餐厅发展不可或缺的组成部分。菜品可能不是吸引客人首次光临的第一要素，引人注目的餐厅外观设计、令人印象深刻的媒体宣传或是有口皆碑的名声都会诱使食客选择来此消费，但是，在很大程度上，菜品对客人是否成为回头客有着关键作用。很多餐厅在整体设计理念之前往往没有对菜单内容进行参考，因为餐厅施工后很长一段时间厨师才会就位，但实际上厨师的介入有助于提高前厅和厨房的设计。

如果设计团队中有多名成员通晓菜单规划的知识也是很有帮助的，无论是何种类型的餐厅，就餐者最终都会将目光集中在菜品上，这是首先要考虑的问题，也是核心问题。业主、厨师都会对某类菜品有所青睐，但如果菜单的内容没按照客人的喜好做出相应的调整，那么餐厅也有可能很快就面临着关门的命运。餐厅经营者如果相信可以培养客人接受他们的菜肴，那么他们的道路可能会艰难而又漫长。这就解释了为什么一些自信的经营者在开业后会经常更换菜品的种类，也解释了为什么在菜单规划的过程中选择更具有灵活性的设备那么重要了。

餐厅经营的核心是菜品，菜品会直接影响客人是否选择在此就餐，是否会成为回头客。菜单更改因为直接涉及更换厨师和相关设备这些软件和硬件所以成本会很高，但从多方面来看，这是必须进行的。不管出于什么原因，菜单的更改，以及由此带来的厨房和前厅的调整要求，在规划设计过程中应具备灵活性。

● 案例学习

Tomacado花厨——上海IFC国金中心店

城市中快节奏的生活方式，让身处其中的人们越发迫切地想寻找一片可以慢下来享受生活的净土，以安抚自己躁动的灵魂。花厨作为一家花店结合餐饮形式的多元化生活空间，希望能在这喧嚣的城市中打造一处隐于市的"世外桃源"。

请扫描二维码
进行学习

设计师的思考方式来自建筑和物体，他认为空间的存在一定是由物体和物质同时创造的，物体可以是功能的一种需求，也可以是空间环绕的一个动线载体。通过物体和物质媒介的构造关系，在视觉上可以带给空间强烈的节奏感，也可以模糊一个界面或是使其变得更有趣。空间与物体相辅相成的存在，让彼此有了更大的价值体现。

设计的路径依然来自花的自然形态和美丽，通过解构花的自然形态将"花的形态"作为贯穿整个空间的设计灵感及线索，从外到内都围绕着"花是美，厨是爱"的原则。花厨的每一次绽放都是一种新的感受和学习。通过曲线结构连接了顶面、立面和地面，重构了一个充满律动且柔美的空间。

设计师选择了形态唯美典雅的上海市花白玉兰作为楼梯空间的花艺载体，它像一朵向阳而生的生命之花，这些花瓣热情地围绕在人们周边绽放着它们的美丽和态度。

整个异化的构造形态为人与空间建立了联系，通过花瓣的形态建立了外立面的构造关系，通过石膏雕塑放大了花艺形态，通过物体和人的动线在空间中巧妙地将人引到空间深处，使空间具有浪漫氛围的同时，也能让客人在建筑空间内去感知自然变更所带来的光影乐趣。

以灰白色水泥作为主基调来衬托鲜花的艳丽，卷曲的形体连接了不同的空间，空间和建筑本身的材质语言非常简单，尽可能用一种语言一句话概括了所有想表达的外在和内在。设计师希望通过设计手法把花的美丽最大限度地表达出来，与现代都市生活方式相结合，将空间、鲜花和美食融为一体，不断向客人诠释花厨的独特魅力。

与设计师理念一致的菜品设计，也突出了鲜花的主题，在这个充满浪漫气息的多元空间里，摆放在各处的鲜花令人心旷神怡，巧妙融入食物中的鲜花更是神秘而迷人。

（资料来源：http://loftcn.com/archives/187397.html。）

（三）成本预算

对餐厅设计有着重要影响的另外一个因素便是成本预算，财务预算计划有时与实际操作是相互冲突的，其实每位经营者都希望自己在餐厅中的消费能够体现设计的价值。当然，在一些运作很成功的餐厅中设计相对于菜品和服务来说并不显得那么重要，但在这种情形下经营成功的餐厅却是凤毛麟角，与此相应的厨房设计可选择能提高生产和效率的设计方案，以使其收益更高。

在设计的初始阶段就应着手规划预算。经营者应做出一个初始的预算作为指导方针，并在设计合同最终确定之前，达成一个最终的预算方案。预算必须随着工程的进展时时跟进和调整。工程往往会产生隐形的费用。与新餐厅相比，餐厅改造项目中不可预估的费用有可能更高。

出色的设计并不一定施工费用就高，在考虑整体的设计工程费用之前还需要考虑餐厅的地理位置和土地的租金费用，以及不同地区的人工成本差异。

三、服务类型

不同性质的餐厅和具体的空间布置设计对餐厅的服务策略有着重要影响。例如，提供全服务的餐厅可以提供盘装、餐车、自助、备餐台或是四种服务的混合模式。盘装食品服务即食品在厨房被装入盘中，传给服务员，再由服务员送到客人的餐桌上，这种服务方式所需的桌面和饭厅的占地面积是最小的。备餐台的作用则在于把厨房生产的菜品集中于此，以便下一步分配到不同的台位。因为餐车要与餐桌保持相对安全的距离，所以餐车服务所需要的空间最多，一般在西餐厅或自助式餐厅中使用较为广泛。如果餐厅的服务方式是以自助餐为主，就要考虑到放餐的空间、通向自助餐处的通道以及服务员补餐的空间。

（一）点餐服务

目前，大多数餐厅都提供点餐服务。除了前厅的服务员外，厨房内部需要快速烹饪的设备，另外还需要批量存放的成品和调料。

（二）自助服务和点餐服务相配合

还有一种情况是自助服务和点餐服务相配合。客人点完餐后，由服务员将菜品用推车放在餐桌边或是桌边附近的备餐台上。桌边服务常常需要酒精灯或是丁烷燃气罩来烹饪或保温。目前很多连锁的火锅店或韩式餐厅都采用这种服务方式，这需要餐厅室内有良好的通风系统来排走桌边烹饪所产生的烟雾和气味。需要注意的是，客人自己的烹饪时间要和点餐的准备时间完美契合，实现同步，而不是让客人长时间等候。最关键的一点是所有的原料在客人点完餐后能够迅速配菜上齐，因此厨房需要考虑增加额外的冷藏空间以满足翻台率。

（三）快速服务

在快餐厅提供的是快速服务，这种服务方式以快速的食物传递和使用一次性餐具为特点。许多菜品被制成半成品，客人点餐时再进行快速烹饪。多数的快速休闲餐厅所需要的食材原料都是新鲜的，每天都会采购，所以相对于冷冻空间来说，它们需要更大的冷藏空间。在经营过程中，柜台服务员将从原料中取出所需分量，排队的客人可以目睹整个烹饪过程。

（四）宴会服务

提供宴会服务的大部分是综合性餐厅、酒店等餐厅，其菜品通常是提前预订并准备好的。在大型的服务过程中，为了提高服务效率，上菜前在餐桌四周会有些可随时加热的服务餐车。

（五）外卖服务

外卖服务是一种能够应对小型餐厅经营的服务模式。外卖服务是很多快餐店不可或缺的部分，因为是额外的收入来源，其特点是不提供座位或是仅仅提供少量的座位。提供送餐服务也是一种常见的服务策略，送餐服务以前主要通过电话来订餐，现在已经有来越多的餐馆接受网上订送餐服务。选择人口密度较大的地区是这种经营方式的成功所在，这样的地区就餐率高，从而可以确保送餐交通成本的回笼。现在由于订餐平台的快速发展，除了小型餐厅之外，越来越多的餐厅都接受外卖服务。

四、服务效率

（一）服务空间

成功的餐厅空间设计能够为就餐者提供宜人合理的就餐环境，同时也能够提高服务人员的工作效率，为此也可以将餐厅空间分为就餐空间和服务空间。服务空间设计应注重结合空间主题、客户心理与服务流程。例如，中式餐厅往往是团体用餐，参与人员较多，可以用较高的照明度和宽敞的空间来营造隆重、喜庆的氛围。服务空间也迎合这样的空间氛围，相对自由灵活；而在西餐厅中大多数客人都渴望一定的私密空间，服务空间则相对固定，尽量不要打扰客人的用餐和交流，但一般会保持在正常语音能够听到的空间范围内。

（二）翻台率

服务的效率和翻台率相关。快速服务可以最大限度地提高翻台率，提高翻台率是提高营业额的有效手段之一。一般客人在快餐厅所花费的时间较短，因此快餐厅的桌椅设计不一定完全符合舒适的人体工程学标准；在自助餐厅，因为客人会花更多的时间取拿食品，翻台率会低一些；在提供综合性服务的餐厅，尤其是那些提供多种菜品且价格昂贵的餐厅，顾客会花较多的时间享用食物，就餐时间会相对较长，翻台率也会比较低。

（三）技术手段

目前，在一些中型餐厅中已广泛使用销售网点系统，俗称 POS 机。在其帮助下，弹出式菜单使服务员能够掌握订单所需要的全部信息，这会明显提高餐厅的翻台率。有了 POS 机的帮助，点菜时服务员不必去厨房便可以下单。经由服务员输入的订单内容在打印后更加容易识别，这样，订单的准备时间就缩短了，出错率也降低了。

随着技术手段的发展，越来越多的餐厅会选用微信扫码点餐：在餐桌上贴一个小程序码，微信扫码就可以自助点餐。这类点餐系统用起来比较方便，用户体验度好，既能对餐厅进行流程化管理，还可以对餐厅数据进行统计等。移动支付是未来的发展趋势，大家开始习惯这种消费方式，手机点餐也越来越受到消费者的青睐。

复习与思考

一、简单题

1. 餐厅空间设计的原则是什么？

2. 餐厅空间设计的方法有哪些？

3. 如何对餐厅空间设计进行细分和定位？

二、运用能力训练

● 案例分析

金牌外婆家的市场定位

如果说外婆家是那常在心头回味的味道，那么金牌外婆家则是将此"家"此"味"再次升华。金牌外婆家在外婆家餐饮连锁机构中相对商务和高端，门店选址分布在优质商圈的高端物业内，消费群定位为中高端商务人群，人均消费为 100~120 元。金牌外婆家方面表示，这样的定位，正是要跟传统外婆家的低价大众消费群体形成差异，扩大消费群。

相较于外婆家，无论是餐厅环境的营造、菜品的种类，还是服务，金牌外

图2-6　金牌外婆家广州天环广场店

婆家都有了明显的提升。传统外婆家门店装修相对更具江南特色，而金牌外婆家门店更为时尚简约。广州天环广场店以黑色为主调，大量采用了厚重的金属架构，装修更为前卫大气（见图2-6）。

尽管金牌外婆家店内卖的是上好的菜品，但它的核心价值不仅是菜品本身，还是跨越菜品以外的无形附加价值——顾客就餐的体验，因为保留顾客有时比获得顾客更重要，尤其对于重复性消费的外婆家品牌而言。外婆家餐饮连锁机构基本经营思路强调对长期顾客的关注，这在它的定位和整个经营策略上都表现得比较充分。对于运营，金牌外婆家方面表示，传统餐饮行业也需要与时代接轨，互联网思维非常重要。抓准自身的定位后，结合时下新媒体平台，与客人建立起良好的互动交流，打通线上线下的资源，从而把握客人的消费心理。

厦门万象城金牌外婆家（见图2-7）针对中高档商务人群的定位，在设计上也充分挖掘本地特色：镘刀石是厦门的特色材质，厦门老工匠才知道，已被冷落多年，只在一些建筑景观工程中会局部地点缀使用，施工工艺多以水洗石做法为主。餐厅空间设计上抛弃了习惯性营造的自拍焦点模式，以功能为上，餐位优先。纵横分明的设计布局下，特色的镘刀石墙面，另类个性的镜面吊顶，点缀式的吊灯布置都是新的设计手法。启用镘刀石这个材质和用折叠式镜面进行吊顶反射店铺内用餐时的繁杂，勾起了一段厦门的过往。

图2-7　厦门万象城金牌外婆家店

（资料来源：http://news.winshang.com/html/059/0144.html。）

请综合以上案例，思考如下问题：

1. 金牌外婆家如何根据市场定位进行餐厅的设计？

2. 不同外婆家的餐厅系列设计上有什么不同？

推荐阅读

郑家皓 . 餐厅创业从设计开始［M］. 桂林：广西师范大学出版社，2018.

第二章 餐厅空间的设计要点

第三章
餐厅空间的布局设计

● 本章导读

　　餐厅空间的功能分区是餐厅空间设计的重要内容，功能分区是否合理，直接影响酒店的使用和经营管理。在功能分区合理的前提下，对餐厅空间的各使用功能空间加以分割，布置餐饮设备，规划交通路线，进行科学与艺术的平面设计，将为进一步的空间艺术设计奠定良好的基础。餐厅空间良好的功能分区不仅会满足顾客必要的使用需求，同时也会对餐厅的经营管理产生良好的影响。

● 学习目标

知识目标

1. 了解餐厅空间不同区域的基本功能和设计要点。

2. 了解餐厅空间设计的功能和布局。

3. 了解餐厅空间动线设计的方法和影响因素。

能力目标

1. 能掌握餐厅不同区域的设计要点，合理分区。

2. 能合理地设计餐厅的服务动线，满足餐厅经营的需求。

3. 通过对餐厅空间设计案例的学习，学会设计餐厅空间的平面布局和空间组织形式。

第一节　餐厅空间的分区设计

一、公共区

公共区是客人与服务人员共同使用的区域，属于餐厅的前厅部分。从餐饮经营服务的角度来说，它包括入口区、前厅服务区、候餐区、通道区与洗手间等功能区域。其中入口区、前厅服务区、候餐区应具备引导、接待客人的功能，是客人进入餐厅后所接触到的第一个空间区域，也是对室内整体环境感受的第一个空间，因此这个区域要具备完善的功能、合理的容量、便捷的动线组织。

（一）入口区

餐厅的入口区是从客人进入餐厅的地方开始，是室外到室内的过渡空间。如果说餐厅的外观设计是给客人留下第一印象的机会，那么对室内空间的感受将在客人通过前门并进入入口区时产生。

入口区是一个过渡空间、场所，它是整个空间的重要组成部分，扮演着故事开始和结束的角色。餐厅入口区的设计除了有助于客人进入时保持井然有序，满足基本的空间过渡、顺畅地流动功能外，还能体现自身特色。因此，餐厅的入口区设计无论在材料、色彩、造型等方面都既要能满足功能需要，又要具备形式美感，突出个性和特色，使形式和内容完美结合（见图3-1）。

图3-1　初筵餐厅入口处设计

1. 入口区空间序列

从空间的节奏和序列对客人的心理影响来说，入口区是让客人体验到从室外到餐厅内部空间的过渡区域，这就需要在大门和前厅服务区之间设立小型的玄关——入口门厅，让客人在正式进入餐厅前能够有个短暂的缓冲空间。有一些餐厅的入口门厅空间没有或者过于狭小，导致客人不能进行短暂的停留而产生拥堵现象。部分餐厅为了营业额会最大化利用空间，有时也在入口空间摆放就餐桌椅，会给就餐的客人造成不好的心理感受，这些区域缺少吸引力，上座率不高。尽管宽阔舒适的入口门厅会占用餐厅的营业面积，但从长远的角度来看，是利大于弊的。

图3-2　万岛餐厅入口灯柱指引客人进入餐厅，光感柔和

入口区的形式各种各样，餐厅是依附于建筑物的内部空间还是独立的建筑，入口形式是决定因素之一。有时候，气候和天气还有其他一些因素也能影响到餐厅的入口外观，需要考虑到这些对于客人舒适度的影响。因此，入口门厅的设计应具备温度、光照、声音这三种自然和物理环境因素的调节作用（见图3-2）。

2. 入口区温度

从温度这一环境因素的角度讲，入口门厅的气温应在合理的范围之内，以使客人在进入餐厅后感到舒适。例如，在寒冷的气候条件下，特别是在北方，由于冬天风沙大、气温低，为了避免暖空气流失和风沙的干扰，餐厅的入口门厅可考虑设置双层门或防风门斗，以形成空气隔离带，使进门的客人不会感觉冷。此外，门的结构和材质也会影响到客人的心理感知。例如，双开的玻璃门会让客人感觉清洁明快，也易于看到餐厅室内的营业状况，正在就餐的客人则可以看到餐厅外面的情景，而精心设计的木门则会让客人心理上有一种温馨的感觉。

3. 入口区光照

在光照方面，入口门厅处的室内光线要根据室外光线进行调节，比如客人从耀眼的阳光下走进餐厅的内部空间时，由于光线强度的不同，客人会觉得很不舒适，甚至是暂时看不清楚，特别是上了年纪的客人，他们要花费较长的时间来适应光线的转换。因此，入口门厅处的人工光照应具备一定的调节能力，达到缓冲的作用（见图3-3）。

图3-3 西郊5号餐厅入口处灯光调节室内外光线

4. 入口区声音

在声音方面，由于入口门厅是进出客人及等候客人的集散地，聚集的客人较多，应使气氛热闹又不嘈杂，设计时可考虑在天花板和地面使用隔音或消音的材料。

图3-4 浮域餐厅前厅服务区除了摆放艺术品外，还有各种茶具、咖啡器物等相关设备

（二）前厅服务区

1. 前厅服务区的功能

前厅服务区是餐厅服务人员集中为客人提供餐饮服务的区域。根据经营内容的不同，服务区所包含的功能和形式也有所不同。一般来说，大多数的餐厅都设有接待服务区，有部分餐厅把接待和点餐、收银服务分开了。从功能上来说，这个区域应该具备展示餐厅形象、提供点餐服务、接收和传递客人信息、陈列餐饮商品、结账收银等功能。服务区一般配置有电脑、账单、电脑收银机、电话及对讲系统、订座电话、电脑订餐系统、订餐记录簿等。

2. 前厅服务区的附加功能

可将简单的饮品加工置于此区域中，如酒水的加温与冷冻处理，以避免后台过多的加工内容及信息交流，提升整体的服务效率和品质。酒吧间除了供应客人饮料、茶水、水果、烟、酒等，一般还有专门的操作台、冰柜、陈列柜、酒架、杯架等（见图3-4）。

3. 前厅服务区的设计要点

从客人需求的角度出发，以快餐为主的小型餐饮店中，通常直接引导客人到点餐台点餐。点餐台或就餐区应设置在客人一进门就可以看见的地方。而在以正餐为主的中、西餐厅中，就餐的

图3-5 贰千金餐厅前厅服务区

社交活动远大于填饱肚子的目的，因此，客人希望从入口区到就餐区有所过渡、缓冲，以满足社交活动的心理需求。同时，客人在进入餐厅后还期望有较好的接待并被引导入座（见图3-5）。

以正餐为主的中、西餐厅的服务台尺寸体积不宜过大，因为大多数客人不会去服务台点餐或结账，过大的服务台会占据较多的营业面积，影响餐厅的收益。而自助式餐厅的前厅服务区也很重要，因为自助式餐厅没有服务生提供点菜服务，所以，前厅服务区就应该配备菜品的基本信息、价格等，并为客人提供选择食物的参考或建议，同时，服务区也应有吸管、纸巾、餐具等一些基本配置。

（三）候餐区

1. 候餐区的基本功能

候餐区是客人等候就餐和餐后休息的区域。一些餐厅就餐人多需要排队，却找不到可以休息等待的区域，入口处和廊道十分拥挤杂乱，等待就餐的人焦躁不安，这会影响正在就餐客人的心情。因此，在一些人流量较大的餐厅，比如烧烤店、火锅店、自助餐厅，需要安排一定的区域作为候餐区，可以让候餐的客人稍作休息，安静地等待。

2. 候餐区的设计要点

一般快餐厅不设置候餐区，入口门厅直接通向点餐台，方便客人，节约时间，以体现快餐厅"快"的特点，而以正餐为主的中、西餐厅即便是之前早已预订，有时也需要等座。这就需要设置一个舒适的候餐空间。

根据经营规模和服务档次的不同，候餐区的设计处理有较大区别，经营规模和服务档次较低的餐厅，出于营业面积及营利性的需要，一般将候餐区的功能归置于入

图3-6 初筵餐厅候餐区域有设计感、安静舒适

口门厅中，简单地设置一些沙发、座椅、茶几供客人休息等候，不单独设置候餐区域；而经营规模和服务档次较高的餐厅，候餐区则会从入口门厅中划分出来，单独设置一块相对独立的区域，或设在包间内，有电视、音乐、书籍、茶水等，强调其功能性并布置上能体现餐厅主题和文化内涵的装饰陈设品或室内景观（见图3-6）。

多数情况下，位于商业区中的较大规模的餐饮经营场所由于就餐人流量大，为避免就餐客人、候餐客人及离去客人在入口门厅中交会，影响交通动线组织，所以候餐区须从入口门厅中划分出来，单独作为一个区域进行处理，并保持与入口门厅、就餐区的联系。

3. 候餐区的面积尺度

由于候餐区属于非营利性区域，因此划分区域的尺度和容量应与入口门厅一样，根据上座率的情况进行统筹考虑，并且应从功能上考虑提升餐饮区的收益。例如，可以在候餐区设置当日主打菜系、特惠套餐及菜品预览处，使客人在等候时就可提前了解菜品，缩短点菜时间，从而提升餐桌的使用频率。同时，还可放置一些酒类、饮料、餐具等餐饮附属品，以刺激客人的潜在消费需求。在中式茶室的设计中，候餐区可摆放一些副食糕点、精品茶具及茶点等，以吸引客人消费，促进餐厅盈利。此外，餐饮业主还可以通过和某家品牌家具业主进行合作，把符合餐厅氛围的产品集中在此区域进行展示，这样既可以销售产品，又可以作为候餐区的环境装饰，是一种双赢的模式。

（四）通道区

通道在餐厅空间内起到连接各个区域的功能，如果动线设计不合理容易导致室内拥堵，也会造成各功能区混乱或是空间浪费，影响营业收入。设计合理的通道是提高空间使用率，进而提高餐厅服务效率的有效途径。

1. 从客人角度考虑通道设计

从客人的角度出发，餐厅空间有很多关系是很重要的，比如就餐区到洗手间之间的距离，如果洗手间位置偏僻或是在另外一层的话，会给客人使用带来不便，从而影响整体就餐体验。洗手间的位置设置应相对隐蔽，但客人到洗手间的距离也应简短和便捷。

2. 从服务人员角度考虑通道设计

从服务人员的角度来说，厨房到就餐区每个餐桌的距离是很重要的，因为这与服务人员从后厨传菜到前厅就餐区的效率息息相关。如果厨房与就餐区不在同一楼层，特别是需要走在湿滑的楼梯上时，服务人员的传菜工作会有安全隐患，传菜效率也会受到影响。传菜过程如果经过客人使用的楼梯间会对就餐人流产生较大的干扰。因此，设计多层餐厅空间时，有必要在备餐区附近设置内部专用的服务楼梯或小型电梯。

3. 从使用功能角度考虑通道设计

从使用功能的角度讲，大多数餐厅的平面规划中就餐区与公用区的连接通道都比较紧凑。这样做一来可以缩短就餐路径，便于进入餐厅的客人及时用餐；二来可以促进信息交流，利于服务人员及时向候餐客人传递餐位信息，提升服务效率和品质。对于休闲类的餐厅空间来说，就餐区与入口区、候餐区之间一般会设计较长的通道，以体现特定餐厅空间经营的特点，这段通道周边的公共空间通常可以集中体现主题设计。例如，在中式茶室的设计中，为了体现茶室的幽静氛围，品茶区域与入口门厅之间并不直接相连，而是通过陈设布景的走道或回廊来进行连接，酝酿情绪，使之具有"曲径通幽"的意境（见图3-7）。

图3-7　隐溪茶馆（恒隆店）通道设计体现中西对比

（五）洗手间

在餐厅空间中，洗手间虽然不像就餐区、厨房那样重要，但也是必不可少的空间部分，对于大多数客人而言，到餐厅用餐都可能用到洗手间，但洗手间的设计往往被忽视。随着人们对餐饮环境、氛围的不断重视，对洗手间也提出了更多的功能要求。餐

图3-8　浮域餐厅洗手间设计与餐厅风格很好地融合

厅洗手间的廉价投入和不合理设计常常使前来就餐的客人在使用了洗手间之后影响食欲和心情，对餐厅产生较差的印象。因此，餐厅洗手间设计得好坏已成为影响声誉、档次的关键部分。如果能有干净、舒适、有风格的洗手间设计方案，更能反映出餐厅的服务态度和品质感（见图3-8）。

1. 洗手间的规模

洗手间的规模取决于餐厅的规模。一般情况下，独立经营的餐厅无论其规模大小都应该设置洗手间。但一些小型餐厅或商场内的餐厅，基于经营面积的考虑，一般不设洗手间，或在前厅设置服务员与客人合用的洗手间。

2. 洗手间的布局

从整体的平面布局来看，对于洗手间的设置，其出入口位置要相对隐蔽，避免就餐的客人直接看到，影响就餐心情。可以考虑将洗手间设在靠近餐饮区的边角位置或隐蔽位置；同时又要使位置明确，便于客人寻找，可考虑通过完善的室内标识的方法来指引洗手间位置。室内标识的设计可以采用图案、文字或图案与文字相结合的方式来进行，但总体上要遵循指示明确、醒目美观的原则，还要与餐厅的就餐环境相一致，突出个性化的特点。此外，洗手间的出入口应避免与备餐间的出入口靠得太近，以免与主要服务动线形成交叉，影响服务效率和品质。

3. 洗手间的细节设计

据国际餐饮协会统计，平均每位女士去一次洗手间要花费 8~10 分钟，男士平均要花 4 分钟。这个数据对洗手间的设计有一定的参考价值，一般客席在 100 位左右的店，在男洗手间配两个小便器和一个大便器，而在女洗手间则需配两个大便器再加化妆区，洗手池和化妆区上方可安装质地较好的镜子，确保无失真现象，并且要干净光亮。如果在入口处开阔地带设置一面全身镜的话，更能体现服务的周到。

在空间允许的情况下，可以考虑将洗手盆单独设置在卫生间外，方便客人洗手，并且洗手盆前应留有足够的空间，不要与卫生间出入口靠得太近，以免在此造成交通拥挤（见图3-9）。此外，还要考虑设计残障人士和母婴专用洗手间。洗手间的用材、色彩、灯光、陈设等方面也不容忽视，其地面用材一般采用防滑材料较多，洗手台面用易清洁的装饰材料，干净整洁的洗手间可使客人感到舒服，同时

图3-9 浮域餐厅单独设立的洗手间

又为清洁人员降低了工作量。

另外，服务人员使用的洗手间与客人使用的洗手间要分开设置，不能合用。按照餐饮建筑设计规范的要求，厨房附近需要设置服务人员专用洗手间。但很多中小型餐厅均为改造项目，业主为了达到就餐区域最大化的目的，往往压缩后厨功能区的面积，从而导致无法设置内部洗手间。因而，在规划餐厅空间的功能分区时，要适当扩大后厨功能区的面积，提前预留内部卫生间的位置，避免共用卫生间现象的发生。供服务人员使用的洗手间的位置应位于后厨区域较隐蔽的地方。

洗手间还要解决好通风问题，除了自然通风外，还应配备一定的换气设施。除此之外，还可以提高洗手间的装饰性，如陈设和植物的摆放等，以削弱公共场所的氛围而给人以家的感觉。如果是为吸烟者提供的卫生间，最好有壁挂式烟灰缸，以保持地面清洁，防止丢弃的烟头引发火灾，这些举措都十分有必要，能使洗手间的功能更趋完善。

洗手间如果设计精致、完美，会成为餐厅的亮点，为整体效果增色（见图 3-10）。因此设计方案的每个细节都要经过深思熟虑，从全局出发，综合考虑。从客人第一眼看到餐厅起到用餐结束离开的每一个细节都是整体设计的一个部分，不仅餐厅的细节设计会取得良好的效果，也对空间整体性的营造有所裨益。

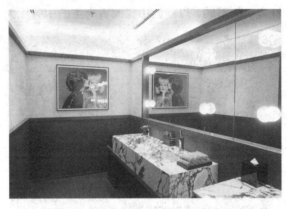

图 3-10　宝格丽宝丽轩餐厅洗手间干净清爽体现档次感

二、就餐区

就餐区是餐厅空间的主体部分，也是餐厅主要盈利的场所，这里是客人体验用餐过程的场所，也是用餐客人与服务人员的交汇处，是各种动线、信息交接的纽带。就餐区包括座位、服务台、通风设备、音响以及光电和照明系统等，是餐厅主要营业的区域，这个区域占据着餐厅大部分面积，也是客人停留的时间最长的地方，最能体现餐厅主题。

就餐区在设计时需要考虑室内空间的尺度、功能的分布规划、来往人流的动线安排、家具的布置使用和环境气氛等诸多内容，因此是餐厅空间设计的重点。在设计餐厅就餐区时，要根据不同的功能需求和主题文化选择不同的空间形式。

（一）就餐区的平面关系布局

1. 就餐区与厨房区的平面布局关系

从平面布局的角度讲，就餐区是前台的重心，厨房区是后台的重心，两者之间应紧密相连，促进前台、后台信息交流的即时性。根据餐厅经营内容的不同，就餐区与厨房区的平面布局一般分为两种形式：一是采用就餐区与厨房区相邻的方式，厨房区多采用封闭式厨房；二是以厨房区为中心，就餐区分布在其四周的方式，厨房区多采用开放式厨房。

当餐厅采用开放式厨房以吸引客人的关注时，也有两种形式：一是厨房的部分区域向客人开放，其余内部加工区域仍封闭处理；二是将厨房的特色加工区域向客人全部开放，如糕点制作区、冷食区等，但应与主厨保持一定的联系。由于厨房烹饪方式的不同，以经营中式菜肴为主的中餐厅大多采用第一种平面布局的形式，并通过备餐间与就餐区相联系；而以经营各类饮品为主的休闲餐厅与经营西式菜肴为主的西餐厅则常采用第二种平面布局的形式。以上两种平面布局形式都有利于把客人的点餐信息和用餐需求及时、有效地传递到厨房，以便于后台人员的加工和处理。客人用餐中或用餐完毕后撤换的餐具也可以及时拿到后台进行清洗，提高餐饮区的整洁度（见图 3-11）。

图 3-11　上海 The Beach House 餐厅的开放厨房

2. 就餐区与备餐间的功能关系

作为连接就餐区与厨房区的备餐间也应给予充分的重视。在小型的餐厅和快餐店中，由于就餐位数的限制和快餐经营的特点，可考虑不设置备餐间；而在中、大型的餐厅中，尤其是对于人流量较大的餐厅空间而言，设置备餐间十分有必要。备餐间是就餐区与厨房区的过渡空间，是两者之间物品和信息的中转站，客人用餐前的餐具、酒水与菜单整理、用餐中的菜肴分类及用餐后的餐具移送至后台都在此进行处理。同时，它也是服务人员在客人和厨房操作人员之间传递信息的场所。备餐间作为就餐区和厨房区联系的桥梁，应设计在两个区域过渡的地带，这个位置既要是厨房出菜的必经之地，便于服务人员分菜和餐具整理，又应紧挨餐饮区，最有效地缩短传菜距离，方便起菜、停菜等，并且其布局应尽可能与传菜线路平行，这样有助于服务人员进行上菜，提高效率。

在不同的餐饮经营场所中，备餐间有其不同的表现形式，一般在中型的餐厅中设置备餐间，而在大型餐厅以及宴会厅中，为避免送餐路线过长，常在宴会厅的一侧设置备餐廊；若仅仅是单一功能的酒吧或茶室，备餐间又称为准备间或操作间（见图3-12）。

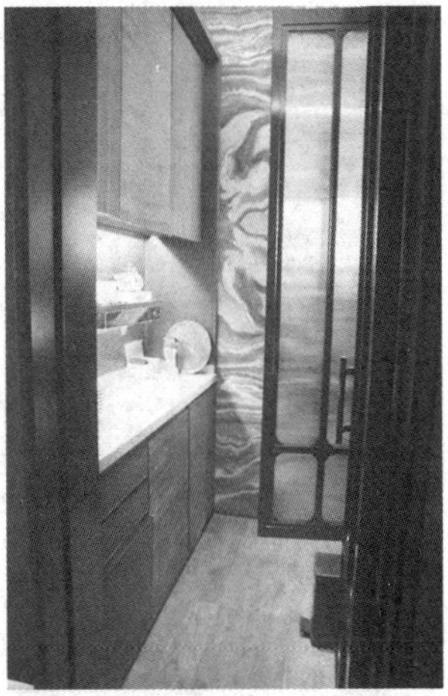

图3-12　初筵餐厅的备餐间

（二）就餐区座位设计

不同的餐厅空间由于经营内容、经营特点的不同，就餐区会有其不同的座位布置形式。但从总体上来看，一般可划分为散座、卡座、包间3种形式。

1. 散座

散座，是指布置在就餐区中，用以满足大量零散客人就餐需要的座位，有时也称之为零点餐厅。这种座位形式就餐单元之间的容量、尺度设置应考虑客人就餐时的活动范围，以达到就餐时互不干扰的目的，毗邻主要服务通道间的就餐单元，布置形式需结合服务人员的上菜线路、服务方式等因素（见图3-13）。

在不同类型的餐厅空间中，散座区的布置有其不同的功能要求，在休闲类餐厅空间，如茶室、咖啡厅等中，一般会设有表演舞台，散座区应分布在其四周，以满足客人的观演需求；在以正餐为主的中式餐厅空间中，散座区每20~30个餐位需设置一个备餐柜，用于临时放菜、酒水、桌布、从餐桌上撤换的餐具等，其目的是提高服务效率及加快用餐高峰期间餐桌的重新布置。

图3-13　陶陶居餐厅的散座区

在西式餐厅空间中，常将散座区布置在冷餐台四周，以便于各个餐位取食方便，这是由于西餐是以冷餐为主，散座区的布置需结合冷餐台布局进行考虑。此外，西餐特别强调就餐时的私密性，散座区应设计为一个个独立而又有相互联系的就餐单元，营造私密的氛围。同时，对于设有开放式厨房的西式餐厅，可以设置部分散座于厨房工作台四周，使得客人可以一边用餐，一边观赏厨师的厨艺，提高用餐乐趣。

2. 卡座

图 3-14 陶陶居具有私密氛围的卡座设计

卡座，亦称雅座、情侣座、车厢座等，用于满足情侣客人和部分散客就餐时"瞭望—庇护"的心理需求。卡座的表现形式有很多种，如使用高靠背的弧形、U 形沙发，利用地台、隔断、软装饰等，形成半包围结构的就餐单元，从而营造出一种私密、幽雅的氛围（见图3-14）。

从平面布局上来看，卡座常分布于餐饮区的边角位置，一般布置在窗边，除具有私密性的特点外还兼具观景的作用。因此，卡座往往成为餐饮区中客人较为青睐的用餐场所。在西式与休闲类这一私密、幽雅的餐厅空间中，卡座的布置数量可根据客人的需求适当增多，以迎合客人的消费心理需求。而中式餐厅的空间多采用聚集用餐制，就餐的客人多为群体，为突出喜庆、热闹的氛围，满足散客需求的卡座数量可以适当减少，以提高餐饮区的盈利率。

3. 包间

包间是指相对独立的封闭式区域，满足四人以上群体客人的用餐需求，具有一定的私密性（见图 3-15）。对于小型餐厅、快餐店而言，由于其经营特点及用餐面积的限制，一般不设包间；而大中型餐厅，可设置普通包间与 VIP 包间。普通包间除具有满足群体客人用餐的基本功能外，还应具有放置物品、挂衣、会谈、

图 3-15 初筵餐厅的包房休息区

休息、备餐等功能。而 VIP 包间可以设置卫生间、备餐间、表演台等，最大限度地满足客人的需求，提升服务品质和用餐氛围（见图 3-16）。

考虑到客人私密性的需求，包间的设计可使用隔音或消音材料，避免噪声的干扰。包房应引入信息呼叫系统，在客人需要服务时可以通过呼叫进行高效率的服

务，不需要服务时也可免于被服务人员打扰，影响客人之间的谈话。此外，包间的门应尽可能地相互错开不要相对，以免客人出门时对视引起尴尬。可以考虑利用活动的分隔方式，设置部分既可独立又可组合的包间，当群体客人人数较少时可分成独立的包间进行使用，而当群体客人人数较多时则可以组合在一起，以解决餐位不足的问题。出于经营方式和服务管理的要求，包间应设置不同的门牌名号或结合室内标识处理成不同的图案，显示其独特性；同时，包房门牌或图案应与包间的整体设计风格或餐厅主题文化相统一（见图3-17）。

图3-16　初筵餐厅的包房

图3-17　初筵餐厅包房名取自于《诗经》，有创意并具有识别性

三、烹饪操作区

就餐厅空间而言，烹饪操作区是餐厅从事菜点制作的生产场所，属于后台操作区域。作为餐厅最重要的生产部，它控制着餐饮产品的品质并影响餐厅的销售利润，不仅关系工作人员的工作动线是否顺畅，还关系整个餐厅的服务质量；设计合理的厨房空间能使其工作人员保持好的工作状态，从而提高工作效率和烹饪的质量。一般而言，厨房区由多个功能区域所组成，几乎每个厨房都可以分为不同的功能区，不同类型的餐厅由于经营内容、经营方式、规模大小等的差别，相对应的厨房区所包含的功能要求也各不相同。此外，厨房区的整体规划必须从实用的角度出发，合理布局，并遵从相关的功能要素。厨房的设计是一个复杂的系统工程，在设计时要综合考虑，应遵循方便、高效的原则，如果从操作的角度系统地对厨房区进

行分析，那么在后续的设计中，就便于与其他的功能区域产生有效的关联性。

（一）验收区

验收区是对采购来的食材进行验收和分类的区域，其占地面积较小，应当与卸货区与储藏区相邻。从设计上来看，验收区应保持整洁明亮，灯光宜采用白炽灯，以便于更好地验货。地面可选择较为平整光滑的材质进行装饰，这样一是易于保持地面的清洁卫生，二是便于拖车拖行货物。值得注意的是，这一区域隶属烹饪操作区，服务人员难免在行走过程中会将油或水带到验收区来，因此在施工时应对地面进行防水、防滑处理，以免服务人员在工作时出现意外。

（二）食物储藏区

食物储藏区是食材进行存放、储存的区域，其面积大小应由餐厅的整体规模以及客人轮转率决定，其空间位置应与验货区相连，与加工区分离但空间距离宜较近。食物储藏区一般包括常规储藏区及冷冻冷藏区两部分。常规储藏区一般用于存放蔬菜、罐头、调味品以及干货等，这一区域需要放置高度合理、间隔适宜的货架并配有一定数量的干燥密封容器，以便保存一些易受潮的食材，并且这一空间要做好相应的通风、防潮处理，尽可能地延长食物的保存期限，减少不必要的浪费。冷冻冷藏区用来存放酒品、饮料、调料、肉类、海鲜等恒温食材。冷冻冷藏区可与常规储藏区分开设置。使用者在选择冷冻和冷藏设备时，要充分考虑空间大小、餐厅的备货习惯及经营状况，同时在设备的放置位置以及开启方式的设定上都应符合厨师的工作习惯，以便为其工作提供便利。

（三）加工区

加工区是食材烹饪的准备区域，包括洗菜、切菜、配菜等多种功能。设计者在设计加工区时应注重空间尺度的安全、合理，并配备相应的加工设备，为烹饪的前期工作提供相应的空间和设施的支持。从空间位置来看，加工区应与烹饪区紧密联系，二者之间有完整、流畅的通道，便于形成完整的生产体系。如果二者之间的通道被打乱，则会破坏应有的生产秩序，降低出餐速度，使客人的满意度下降，这对整个餐厅的声誉或者利润都会造成负面影响。

（四）烹饪区

烹饪区是对已经加工好的食材进行烹调制作的区域，是菜品或食物最终制作完成的地方。设计者在设计这一区域时，要配置相应的烹调设备，如炒锅、烤箱、蒸锅等，这些设备的放置位置要根据使用频率结合厨师的使用习惯进行设计，烹饪区还要设置相应的排烟设备（冷餐和西点制作区域除外），以便排放油烟。设置排烟设备的好处有两点：一是可以保持厨房的干净整洁；二是可以改善厨师的工作环境，提升工作效率。

四、其他功能区

其他功能区主要是辅助就餐区域的区域，包括酒水区和为员工服务的后勤区域。

（一）酒水区

酒水区是为客人提供饮料、酒类等基本服务的区域。在综合性餐厅中，酒水区通常位于前台服务区内，而像酒吧和以西餐为主的餐厅，酒水区一般扮演着主角，除了提供酒精类饮料外，还包括前吧、后吧和酒吧座位，有时还有鸡尾酒座位。酒水区规模和面积的大小取决于它在餐厅营业总收入中所占的比重。对于中小型餐厅而言，往往设置一个较小的酒水区，主要服务来此就餐的客人，而一些大型餐馆则配备独立的酒柜，为大型就餐区提供全方位服务（见图3-18）。

在西餐厅中，葡萄酒的储藏及展示在酒水区的设计因素中变得越来越重要。酒水区展示的各类葡萄酒除了具有吸引客人和装饰作用外，对于整个室内氛围的营造也起着关键作用。在自助式餐厅中，酒水区可以包含丰富的内容，除了各类精致的酒精饮料外，还可以有不含酒精的饮料，如咖啡、自助式饮料，甚至自助式餐具和餐巾服务也可以包含在酒水区内。

图 3-18　上海宝格丽中餐厅的威士忌酒吧酒水区

（二）后勤区

后勤区是确保餐厅正常运营的辅助功能区域，对于餐厅的盈利不会产生直接的推动作用。一般情况下，后勤区由管理办公室、员工食堂、员工更衣室与卫生间等功能区域所组成，属于后台区域，为就餐区与厨房区提供支持与服务。由于经营内容、经营方式等的差异，不同餐厅其后勤区所包含的功能区域也各不一样，如有表演舞台的餐馆，需配备供表演人员使用的化妆间；一些规模较大的餐馆出于经营管理的需要，常设有职员餐厅。每家餐厅应根据自身的需要和特点来设计此空间。

1. 办公室

办公室是餐厅管理人员进行日常办公的场所。餐厅的办公室要具备很强的实用功能，充足的照明以及足够的电源插座，还有便捷的办公家具都是必不可少的基本配备。对于规模较大的餐馆，办公区域的划分会更加明确，有经理办公室、财务室、厨师长室等。从平面布局的角度看，办公区域的设置应位于后台，靠近厨房区域，以便于对厨师、服务人员的工作管理。在内部空间处理上，其功能性要强于装饰性，以满足完成各项工作为目的。

2. 更衣室

为保证厨房的食品卫生与餐厅的经营管理，厨师、服务人员必须先更衣再进行相关工作。因此，餐厅应划分部分区域作为更衣室，其位置应靠近厨房区域，以便于厨师更衣后即可进入厨房工作。更衣室要保证有充足的储物柜，以确保员工的财物安全，这样有利于提高员工的工作热情。在内部空间的处理上，更衣室与办公室一样，应以满足各项功能为目的，还要照顾到相关的个人需求以提升员工的工作积极性。

3. 员工卫生间

员工卫生间与客人用卫生间的处理方式要有所区别，其功能性要强于装饰性，以简洁、实用为主。洗手池旁边设置有足够的空间，这样就以便于员工放置个人梳妆物品。作为后台区域的组成部分，员工卫生间的位置设置应考虑到工作人员使用的便利性，应靠近厨房区与办公室等后台区域，并要有所分隔且相对隐蔽。

4. 员工就餐区

大型的餐饮机构会专门提供员工的就餐区，在满足基本功能的前提下，舒适干净的就餐环境和一些人性化管理的细节设计会在无形中大大增加员工的工作积极性。

第二节　餐厅空间的功能与布局

餐厅空间本身既是客人的消费空间，也是服务人员的工作空间，如何结合这些不同的功能对餐厅空间进行重构与组合，对餐厅空间的有效利用及整体环境塑造有着极为重要的作用。从空间性质来看，餐厅空间是由多个功能区域共同构成的经营性场所，虽然说餐厅空间大都由公共区、就餐区、烹饪操作区和其他功能区构成，但是根据其经营内容、经营性质和方式的不同，所包含的功能空间以及每个功能空间的大小都存在一定的差异性。因此，设计者在对餐厅空间进行整体空间布局时，应当依据前期的目标客群定位以及餐厅的经营定位分别列出客人及服务人员的使用需求，并对二者的需求交叉处进行归纳与合并，从而得到该餐厅空间所应包含的实际功能，并推导出所对应的功能空间。功能分析决定了空间设置的合理性。

一、餐厅空间中桌椅的布局

　　社会学家德克·德·琼治在一项关于"餐厅和咖啡馆中的座位选择"的研究中发现，有靠背或靠墙的餐椅以及能纵观全局的座位比别的座位更受欢迎，这也符合"瞭望—庇护"理论，其中靠窗的座位尤其受欢迎，在那里室内外空间可尽收眼底（见图3-19）。餐厅中安排座位的人员证实，许多来客，无论是散客还是团体客人，都明确表示不喜欢餐厅中间的桌子，希望尽可能得到靠墙的座位，所以作为餐厅布局必须在通盘考虑场地空间与功能质量的基础上进行。每一张座椅或者每一处小憩之地都应有各自相宜的具体位置，置于空间内的小空间中，如凹处。朝向与视野对于座位的选择也起着重要的作用。在高档的就餐大厅设计中，最好不要设计排桌式的布局，否则一眼就可将整个餐厅尽收眼底，从而使得餐厅空间乏味。而应该通过各种形式的隔断将空间进行组合，这样不但可以增加装饰面，而且又能很好地划分区域，给客人留有相对私密的空间。

图3-19　泰国一家咖啡厅靠窗的榻榻米卡座

二、餐厅空间的平面布局

　　餐厅的总体平面布局确实也有不少规律可循，应根据这些规律，创造实用的平面布局效果。秩序是餐厅平面设计的一个要素，复杂的平面布局虽富于变化的趣味，但却容易松散，设计时还是要运用适度的规律把握秩序，这样才能获得完整而又灵活的平面效果。在设计餐厅空间时，必须考虑各种空间的适度及各空间组织的合理性。尤其要注意满足各类餐桌餐椅的布置和各种通道的尺寸，以及送餐流程的便捷合理，而不应过分追求餐位数量的最大化。具体来说，要考虑到员工操作的便利性和安全性，以及客人活动空间的舒适性和伸展性。通道的宽度应根据餐厅的规模有所变化，但是一般主通道的宽是 0.9~1.2 米；副通道的宽是 0.6~0.9 米；到客席的道路宽 0.4~0.6 米是比较妥当的尺寸。

一般客席的配置方法是把客席配置在窗前或墙边，来客是 2~3 人为一组的情况较多。客席的构成要根据来客情况确定，一般的客席配置形态有竖型、横型、横竖组合型、点型，还有其他类型，这些要以店铺规模和气氛为依据。

三、餐厅空间的组织形式

图 3-20 陶陶居餐厅不同类型的餐椅组合

好的空间组织应能指引客人和员工高效顺畅地来往，且要主次分明、重点突出。在布置空间动线的同时要考虑餐椅的组合形式：以菱形的组合，还是以方形的组合？以规整的排列组合还是自由随意的无规则组合？是采用圆形桌、正方形桌、长条形桌，还是椭圆形桌？这些都是在空间布局的时候必须要考虑的内容，那么到底采用何种组合布局形式，这要看就餐区空间的主题类型与空间的大小，根据空间特点来决定最佳的组合方式（见图 3-20）。

四、餐厅空间的开合设计

就餐区的空间设计需结合功能做到开合有序：开即需要有开敞的空间，开敞的空间强调内、外环境的交流与渗透，讲究通过对景或借景与周围环境的融合；合即需要有半封闭空间，在就餐区不宜出现完全封闭的空间，而半封闭空间既能有效改变空间形态、丰富空间效果，又能满足就餐者寻求私密和安全位置的心理需求。

在对餐厅就餐空间进行平面布局设计时，要注意静态空间和动态空间，固定空间和可变空间，实体空间和虚拟空间、心理空间的组合关系。空间的动静、虚实之感通过完善的平面布局可表现出来，在进行平面布局时应注意：太过静态的布局会使空间显得呆板、单调，而一味地动态布局会使空间杂乱无章，缺乏秩序感和宁静感。因此，布局要从整体着手，在局部上又要有变化，以求动静结合、有主有次的流动空间。

亚特兰大法国AIX餐厅&Tin Tin酒吧

这家位于亚特兰大的法国餐厅兼酒吧将石头、木质品和蓝调音乐融为一体，设计团队旨在唤起厨师在普罗旺斯的童年回忆。餐厅拥有彩色木梁、橡木地板和天然石墙。木材和石膏瞬间唤起了一种陈旧的感觉，伴随着流行的青铜和黄铜，以及苍白、灰褐色和灰色的色调。

请扫描二维码
进行学习

AIX 的一个焦点是一个独立的体积，两侧都有展位，还有一个带有圆形销钉的板条珠状装置，可以沿着天花板延伸。合伙人 Lucy Aiken-Johnson 表示："这个艺术装置的灵感来自法国的 petanque 游戏，用于在视觉上划分酒吧和餐厅。"这件作品类似于算盘，木丝绳（球）穿在金属丝绳上，形成抽象图案，并进一步利用自然和现代材料的并置。

Tin Tin 葡萄酒吧位于这个酒窖后面，色彩更加丰富，营造出更休闲的氛围。例如，白色瓷砖地板具有几何普罗旺斯蓝色图案。头顶上是一些带有铬灯泡的玫瑰色弧形灯具，与隔壁 AIX 使用的金属色调相呼应。餐厅中的开合设计很有秩序感，也有多种座椅组合类型。

（资料来源：http://loftcn.com/archives/106298.html。）

第三节　餐厅空间的动线设计

　　"动线"是建筑与室内设计的专业用语，用来描述人或者某类特殊物体在建筑空间中移动的常规轨迹。随着时代的发展，建筑内部空间的功能日益复杂化，同一建筑内部的使用人群也日益多样化。因此，如何根据不同人群的需求来组织室内空间，做好各空间之间的分隔与衔接，对空间进行高效利用就成了设计中的重要问题，而这种衔接大部分是依靠动线实现的。

　　设计者在对建筑的室内空间进行动线设计时，其基本要求是保证各类人群以及物品的动线顺畅、便捷，同时在各类动线互不干扰的前提下对空间进行合理利用，减少空间浪费。室内动线在承担各功能区相互衔接的同时还起到对各类人群的走动，货品的运输、储藏、使用以及信息传递等之间的统筹与协作，从而做到人、物不混流，信息传达清晰、准确。

一、餐厅空间的动线类型

（一）人行系统中的动线

1. 客人动线

　　客人动线主要是指客人在餐厅用餐期间的行为活动所形成的路径轨迹，主要集中在餐厅的前半部分区域，贯穿于入口区、候餐区、前台、就餐区、收银区以及洗手间等功能空间。一般来说，客人动线的主要活动顺序是：客人进入餐厅后，服务人员根据餐厅的上座率决定将客人引导至候餐区等候或者直接引导进入就餐区；在进入就餐区时，根据客人的需求结合当下运营现状带入包间、大厅；在就餐过程中，客人可能会离席去洗手间，然后原路返回；在用餐结束后，客人根据指示牌或者服务人员引导去收银台结账，最终离开餐厅。设计者在对客人这一系列的活动进行统筹以及动线设计时要做到以下几点。

　　第一，要根据人流的情况、使用频率等来划分主通道与次通道。例如，候餐区与进餐区在动线上应连接顺畅，在空间上又要有所间隔，以免相互影响；大厅内的通道应尽可能地设在卡座与散座的边缘交界处，这样既可以利用通道将空间进行人为分离，同时又兼顾了散座和卡座的客人，对空间进行了最大化利用。第二，在进入就餐区时，将通往大厅和包间的动线分开设置。这样设计的好处有两点：一是可以对客人进行分流，避免人流量过大造成环境嘈杂；二是通过设置不同的动线来简化客人的步行路径，为客人提供方便。第三，客人结账后应尽量安排客人从专门的路径离开餐厅，避免客人原路返回形成的路径迂回或者与其他客流形成交叉及相互干扰。

2. 服务动线

服务动线是服务员将菜肴由厨房备餐间端出，通过服务通道传送菜品到每个餐座，然后将宾客就餐后的餐具送回洗碗间的线路。它的起点是备餐间出口，终点是洗碗间入口。服务动线是关乎员工工作效率的重要因素，它的长度直接影响着服务员、传菜员的工作效率，原则上也是越短越好；一个方向的道路作业动线不要太集中，尽可能减少不必要的曲折。同时，还要注意避免宾客流线与服务流线重合与交叉，迎宾服务员要通过餐座布局引导宾客的行进路线，宾客入口与厨房的出入口要保持一定间距，最好分处两端。

如果餐厅面积较大，分区域设置备餐区是不错的选择。备餐区一般备有顾客用餐过程中所需要的纸巾、餐具、饮水、牙签、饮料、调味品等，可以节省服务员跑到厨房获取这些物品的路程，保证快速高效地为顾客提供服务。有的餐厅的备餐区还设置了具有点菜、下单等功能的电子系统，也是为了提高服务效率、提高上菜速度。服务动线设计的目的之一就是要保证送菜与收餐具形成循环过程，备餐区也是传菜员的动线终点，传菜员将菜品运送到备餐区，再由服务员送至顾客处，整个流程顺畅，就避免了传菜员端着盘子站在餐桌前等待服务员上菜情形的出现，避免混乱与拥挤，加快了传菜速度。

3. 消防疏散动线

消防疏散动线是人行系统中最为特殊的一条动线，虽然平常并不经常用，但是在紧急时刻（如火灾或者其他意外事件等）担负着为聚集于空间之内的人员提供逃生线路的重任，它是整个餐厅空间的生命线。因此，消防疏散动线的设计相当重要。设计者在设计消防疏散动线时，要注意尽可能地避免将完整的空间打散，减少对空间的浪费。餐厅内部的疏散动线应与外部的逃生通道直接连接，直通疏散出口处。同时，在疏散动线具有转折、岔路选择的地方应标有醒目的标识，以便人流迅速进行识别，从而提升疏散效率。

（二）物品运输动线

1. 货物动线

货物动线主要指的是菜品、原物料、餐具等进入餐厅内部，并运往储藏区、使用区等区域的常规动线。这部分动线主要集中在后厨区域，贯穿验收、储藏、加工以及烹饪等功能空间。设计者在设计货物动线时，首先要将货物入口与人行入口分开，同时验收、储藏、加工三大区域之间的路径要便捷、流畅，并尽可能地保证路线最短；主食菜品、副食的操作动线要分开设置，以免造成干扰，影响工作效率。

2. 垃圾动线

垃圾动线主要指餐厅空间内产生的垃圾向外运输的轨迹，前厅、后厨均有涉及，前厅主要是客人就餐后产生的垃圾，后厨则是原料挑选、加工时产生的垃圾。从实质上来看，前厅与后厨的垃圾运输动线应顺畅、统一，二者均会运往垃圾存放处，最终统一送往垃圾站进行处理。设计者在设计垃圾动线时，前厅的垃圾动线要与人行、菜品动线相分离，后厨的垃圾动线应与菜品烹饪操作的工作动线相分离。餐厅的临时垃圾存放处要靠近垃圾出口，且远离原料供应及食材存放的地方，并且要注意垃圾动线这一空间的通风和清洁，以免出现卫生问题。

（三）信息传递系统中的动线

信息动线是指餐厅内部各种信息流通与传递的路线。它包括前厅与后厨、客人与服务人员之间的信息传递，这些信息传递的速度和准确性与餐厅的工作效率、服务质量有着紧密的联系。在现代的餐厅空间中，这些信息的传递一般通过服务动线以及现代化通信设备，如计算机信息系统、对讲机等共同实现。

二、餐厅动线设计的要点

（一）考虑周全

现在的餐饮品牌运营管理精细化程度越来越高，动线设计是整个餐饮品牌高效运转的基础，餐饮品牌的定位，目标消费群体的消费能力、用餐习惯、用餐量、餐桌的选择，这些因素都会影响餐厅的动线设计，在设计动线时要充分考虑到这些影响因素。

（二）以直线设计为佳

直线是两点之间的最短距离，因此动线最好采用直线设计，尤其是客人动线。直线设计可以让客人迅速了解餐厅布局，快速判断自己的位置，从而产生安全感和舒适感。

（三）反复模拟

要设计出最流畅、合理、方便、效率最大化的动线，设计师和经营者不仅需要有丰富的实践经验，还要在餐厅筹划设计时反复对餐厅使用面积和功能进行模拟，动线设计不能依靠图纸完成，要根据设计图，由专业人员在现场模拟餐饮服务，反复演练，出现问题及时修改，从而研究出最佳路线。既要考虑餐厅的定位、人均消费、菜系，又要考虑不同客人的需求，比如用餐量和习惯特点，再考虑餐位的数量、餐桌椅的尺寸、形状、流线等，结合这些特点设计餐厅的顾客动线、服务动线等。

三、餐厅动线设计的方法和影响因素

（一）餐厅动线设计的方法

在餐厅空间设计中，动线设计是综合性非常强的一项设计内容。为了满足不同人群的使用需求，设计者应综合各方面的因素来考虑各条动线之间的关系。一般来说，设计者可从以下几个方面来考虑动线设计。

1. 以人作为设计的出发点

人作为餐饮内动线最为主要的使用者，其心理认知、感觉与行为习惯等都对动线设计有着重要的影响。因此，设计者在进行动线设计时，必须以人为本，让动线动向最大化地与人的行为习惯和心理活动趋势相契合，这样一方面能为人提供舒适的空间环境，另一方面也能提高室内空间的整体利用效率。

2. 注意动线与功能区之间的相互关系

动线在餐厅空间里本就是分析功能、组织空间之后的产物，除了承担着承载人流、保证室内外交通流畅外，同时也对空间构成及功能区的划分有着重要的影响。例如，就餐区的客人动线应简洁明了，不与服务动线相混杂；服务空间与后厨及就餐区之间的路径规划要合理，减少不必要的绕行，提高服务效率；后厨的物品动线要细化设置，以保证厨房的清洁、卫生；洗手间等公共空间的动线，可以不与整个空间形成环形连接，多采用尽端式通道设置形式。以上这些设计方法都是为了能让动线更好地为空间功能服务，提高工作效率，达到客户体验与利润双向得益的根本目的（见图3-21）。

图 3-21　Peachache 就餐区客人动线简洁明了

3. 利用辅助设施对动线进行强调

室内动线的设计大多数情况下都是经过设计者详尽分析之后得出的，但是即便如此也无法做到令每个人都满意。室内动线与空间装饰或者氛围营造不同，它并不能通过施工中的各项指标来对其合理性进行验证，只能根据实际使用后的效果来验证，但餐厅投入使用后，其动线便很难再次改动。为了将这种因设计者思考不周给餐厅运营带来的不良影响降至最低，设计者在设计动线时，除了尽可能地完善动线本身之外，还应适当地运用一些辅助手法对人流进行引导、对动线进行强调，以便动线在餐厅空间使用过程中按照设计者最初的设想运行。

标识对动线有着较好的辅助作用：如在各功能区内设置确认性标识，帮助使用者辨别不同的功能性空间，在各动线的入口或者动线与动线汇集、交叉、转折处设置引导性标识，以便使用者能快速地辨别方向；在一些特殊空间设置"禁止进入"或者"请勿靠近"等提示性标识对空间进行人为隔离等。除此之外，灯光与色彩也是动线设计中重要的强调手段。

（二）餐厅动线设计的影响因素

1.通道

根据研究，约有90%的客人进入餐厅后会右转，采用一种逆时针的方向进行移动。这是因为人们在走路的时候大多数是先抬右脚，而且右撇子居多。因此，在设计的时候一定要注意在右边给客人预留空间宽阔的走廊，同时鼓励客人浏览餐厅设计布置；但是通道设计也不能太宽，太宽客人反而不会留意周边的装饰和菜品，他们会快速通过。如果通道过于拥挤，没有人会愿意在拥挤的过道上行走，他们更多地会选择转身离开。因此，餐厅预留通道不能过宽，也不能过窄。要吸引客人进店，门口就要足够宽敞，想要留住客人，就要宽窄适当。

设计分区之间连接通道的时候，通道的宽窄要按照实际需求决定。一般人看到狭窄的通道就不会产生前进的欲望，所以当有一些空间需要与客人隔绝时，就可以设计成通过狭窄的通道进入，比如厨房。

2.光线

一般来说，人容易被明亮的色彩或者灯光所吸引，设计者可以利用这一特性在主动线入口处对灯光和色彩加以变化。这样一方面强调了动线，另一方面丰富了餐厅空间的内部层次，这对整体空间来说也是较为有利的。站在店铺门口，大多数客人都会习惯性地先看右边，当视线以45°角看向右侧墙面的时候，如果这

图3-22 小法式甜品店招牌的光线引人注意

片区域有吸引他们的地方，那么他们便会走进店铺，如果没有可能转身就走了。所以门头的设计尤为重要，重要的内容信息要放在门头右侧，客人在门口的第一眼，可能就决定了他们会不进店消费（见图3-22）。

3.收银台位置

尽量不要把收银台设置在入口处。因为客人看到乱糟糟的人堆在门口，很难会产生进店的欲望。

● 知识链接

星巴克和麦当劳的动线设计

一、星巴克为什么要横向排队？

星巴克的员工作业吧台是横向的流水线，吧台内部是一个横向排列的工作流程。通常点单的工作人员会挪到中间做咖啡，以及拿一些配料再往一边走。

1. 缓解焦虑感

当顾客站在柜台旁边时，能很清楚地看到墙上的商品价目单，而不用担心视线被排在前面的顾客阻挡。挑选的时候能打发时间（或者看到柜台里忙碌的工作人员，了解产品制作过程），有效消解排队等候的烦躁；反之，影响视野的排队方式则会加深顾客的焦虑感。

2. 仪式化观感

横向吧台相当于一个展示平台，顾客可以看到咖啡师操作的全过程。观看饮品制作过程，增加了仪式感和体验感。顾客会产生这样的感怀：这杯饮料做起来不容易，确实值这个价格。

3. 避免制造拥挤感

员工的作业吧台是横向的流水线，所以顾客在面对吧台左侧排队，而在右边取咖啡，形成秩序避免走道拥堵（见图3-23）。

图3-23　星巴克店内排队场景

二、麦当劳为什么要竖向排队？

麦当劳作为快餐业的鼻祖，力图营造更热闹、快节奏的氛围。纵向排队，顾客之间是背与面的接触，"看不见头"的等待＋快节奏就餐方式，刚好迎合了麦当劳的品牌调性。

1.提醒顾客尽早做出决策

麦当劳店面往往在门口就贴出了当日推荐的套餐组合，并把主推产品贴在室内。这背后体现了对点餐效率的思考，它希望顾客在站到收银台前就已做好消费决策。餐厅作为

图3-24　麦当劳店内排队场景

一个公共空间，如果顾客站在台前犹豫不决，必然影响其他顾客点单，这也就影响了顾客点餐的速度。

2.提高双方效率

麦当劳把点餐流和等餐流分开，减少了"点餐"区的人群堆积以及"点餐""取餐"人流重合混乱的情况。配餐员的移动也更有效率，实际上取餐区也就变成了配餐台。顾客在等餐的时候不会影响后面点餐人的时间，由此节约下的时间实际上是数个"等餐的时间"，积少成多便会产生更高的服务效率（见图3-24）。

复习与思考 ///

一、简单题

1.餐厅中有哪些基本功能区，不同功能区的设计要点是什么？

2.餐厅空间设计从整体出发，应如何设计动线？

3.餐厅空间就餐区的座位如何设计？

二、运用能力训练

● 案例分析

香港九龙MOU MOU CLUB餐厅

MOU MOU CLUB 是一个关于旅行的主题餐厅，同时也是不同年龄段的客人的理想选择。餐厅的设计理念来源于其品牌故事。餐厅像是隐藏在一个陡峭的悬崖上，入口模仿了一个坚固的洞穴的外观，这引起了行人窥视内部的好奇心。作为旅行的前哨地，世界地图必不可少，还有从旅途中获得的装饰纪念品、照片和手提箱。餐厅的大厅内设有长沙发，墙壁和餐台旁边设有弧形沙发，公共区域和窗户边多个洞穴形状的座位。

图 3-25　香港九龙 MOU MOU CLUB 餐厅主题设计

（资料来源：http://loftcn.com/archives/37103.html。）

请综合以上案例，思考如下问题：

1. 本案例中餐厅的座椅类型有哪些?

2. 不同区域的座椅布置有什么特点?

推荐阅读 ///

高巍. 餐厅设计法则［M］. 沈阳：辽宁科学技术出版社，2012.

第四章

餐厅空间的
空间设计

● 本章导读

　　好的餐饮空间设计应是功能性与形式美的完美统一，而餐饮空间的营造，从餐厅的外观设计到室内设计，都需要借助各类设计要素的控制与应用，从而营造实用美观的餐饮空间。餐厅的外观设计要醒目有特色，富于想象力，并使顾客容易识别。在餐厅内部三个顶面设计、地面设计和立面设计上，要营造餐厅空间的主题风格和烘托就餐氛围。

● 学习目标

知识目标

1. 了解餐厅空间外观设计的内容。

2. 了解餐厅空间室内设计的构成要素。

3. 了解餐厅设计构成要素的设计方法。

能力目标

1. 能恰当表达餐厅空间设计的空间特征，表达出设计的概念。

2. 根据设计的需求，懂得运用室内设计的构成要素进行餐厅设计。

3. 可以区分不同的顶部、地面、立面的材料并运用在餐厅设计上。

第一节　餐厅空间的外观设计

餐厅的外观往往决定了客人对餐厅的第一印象，并在瞬间决定了是否想更进一步探究并走进餐厅。除了视觉的美感，好的外观设计应该与餐厅的风格、定位、周围的环境一起作为设计的考量因素。

设计会在视觉层面潜移默化地影响着客人对餐厅的印象。理想的餐厅位置的地面形状一般以比较方正的矩形为好，有足够大的空间容纳建筑物、停车场和其他必要设施。三角形或多边形的地面除非非常大，否则是不适合的，因为从营业面积和利润配比的角度看，这样的地块可能会丧失很多营业面积，从而在一定程度上影响餐厅的整体收益。

进行外观设计时，首先要先了解餐厅定位与风格，因为风格定位会影响设计表现手法与材质的选用，而餐点价格的定位则关乎空间内尺度的把握。定位低价的餐厅，其外观应该尽可能避免过度设计，外观也最好不要太过封闭，让人无法看到店里状况，要能隐约看见店里；同时，明亮简约的设计比较能快速缩短距离，让客人不需思考太多就愿意走进餐厅。如果餐厅定价偏高，可在外观方面多加设计，甚至可以刻意以低调手法做设计，制造隐藏巷弄名店的印象。若想在众多餐厅中异军突起，可先观察周围餐厅外观设计方式，若店铺多采取抢眼、夸张的设计手法，可逆向思考采用较为低调的设计。

一、可见度与形象特征

（一）可见度

餐厅的可见度是指餐厅位置的明显程度，也就是说，无论客人从外部哪个角度都可以获得对餐厅的整体印象感知。餐厅的可见度是由从街道两侧往来的车辆和徒步的行人的视角来进行评估的，因此坐落于有利的营业地段是很重要的。Chopia 餐厅色彩鲜艳的门头设计很具有识别度（见图 4-1）。

（二）形象特征

打造餐厅的形象特征也很重要。由于资金的投入和成本回收的周期等诸多因素，导致大多数的餐厅会选择一些相对标准的矩形场地经营，整体布局会对原有建筑产生很强的依附性，因此其外观设计更加需要有独特的形象特征才能从周边建筑物中脱颖而出。如果餐厅是独立的建筑，就对外观与室内进行富有个性特征的整体设计，这将会对客人产生足够的吸引力。如果餐厅位于高层建筑内部，那么它的外部标识和广告就相当重要。陶陶居餐厅门面设计的中式风格就具有吸引力（见图 4-2）。

图 4-1 Chopia 餐厅色彩鲜艳的门头引人注意

图 4-2 陶陶居餐厅的门面设计

二、门面设计

餐厅的门面是目标客户群体对餐厅的第一印象，所以门面的设计尤为重要。门面设计的好坏决定着目标客户群体是否会进店消费。门面设计必须跟品牌的视觉识别（VI）系统相结合，体现品牌特色。门面设计是一个整体的外观设计，通过有机的组合，创造出个性化的店铺门面形象，增强门面的视觉辨识度，同时与餐厅、品牌之间建立某种联想，使客户产生形象认同。

（一）门面色彩

在人们与物体接触的一刹那，色彩给人感觉的分量是80%，形体给人感觉的分量是20%，所以色彩传达的信息往往比形态、材质更直接有效。在设计沿街店铺门头橱窗时应发挥色彩的魅力，成功的门头设计大都具有强烈的视觉冲击力和鲜明的个性，让人们在瞬间从无意识地观望到有意识地关注，进而引起进店消费的欲望。暖色调的门头设计极具诱导性，人们的情绪容易受到感染，从而进店消费。红、橙、黄等暖色调还能加快肾上腺素分泌和增强血液循环，让人兴奋，诱发食欲，同时让人感觉紧张，会不自觉地加快就餐速度，提高换座率；反之，冷色调的店面门头给人神秘、清凉、悠远的感觉，这也是冷饮店的门头大都以冷色调为主的原因。

图4-3　集雅咖啡店品牌标识

（二）主次分明

餐厅品牌和餐厅经营的品类，在门面设计的比例上应该有效权衡，目标消费者第一眼看到的是品牌，然后看到的才是品类。现在市场上的餐厅品牌众多，品类之间的差异不会太大，所以在没有品牌知名度的时候，突出品类其实是很不明智的。在门面设计时应尽量将品牌与品类结合，取舍任何一部分都意味着要另外花费大量的营销资源去引导目标消费群体（见图4-3）。

（三）造型独特

餐厅的门面设计很关键，客人在选择餐厅时也会像选择一本书或一本杂志一样被封面吸引，如果他们喜欢门面，那么进入餐厅的概率就会大得多。要想从周边杂乱的视觉环境中脱颖而出，餐厅的门面设计就应该做到与其他店面与众不同，从而有别于竞争对手并在客人的脑海里留下记忆。由于建筑外观会向潜在的客人传达着餐厅类型的相关信息，因此，门头的结构最好结合餐厅原有的建筑结构进行设计，这样可以大大减少装修费用，并且在外部形象的处理上也易与原建筑整体保持协调。餐厅营业时间除了白天以外，夜晚也是一个很重要的时间段，特别是周末或节假日的夜晚，是客人选择外出就餐的集中时间。因此，对于餐馆而言，选用合适的光源进行装饰是必不可少的。

三、招牌与户外广告

招牌与户外广告是餐厅外观设计中相当重要的组成部分，它是一个企业的标识，好的招牌好比是生活中的名牌产品，它对人们的心理有一种潜移默化的影响，人们在很多时候都倾向于选择那些很有名气、很有吸引力的品牌产品。

招牌也是最易识别的外观元素，它作为餐厅的标志可以吸引人们的注意力，并在他们头脑中留下深刻印象。餐厅有一个颇具吸引力的招牌，将会使客人对餐厅的印象更为深刻。尤其在餐饮企业聚集的购物广场或美食街，招牌可以非常有效地吸引眼球。

（一）招牌的识别性

招牌应具有独特的可识别性（见图4-4）。招牌的设计宜突出特点，能吸引人的注意力，烘托出餐厅的饮食氛围。需要注意的是，对于街道两旁的餐厅来说，招牌的可识别性对那些开车经过的潜在客户是极其重要的，因为他们只有几秒钟的时间去注意并对此做出反应。此外，招牌的字体应该反映餐厅的类型，以便提示客人这是个什么样的餐厅。不论是哪种类型的餐厅，容易辨识的字体都是极其重要的。

图4-4　浮域餐厅的招牌简单明了

（二）招牌的广告性

餐厅的招牌应和经营内容、经营特色相协调，不应有冲突，如果是快餐厅，就应尽量突出快餐厅快节奏的特色；而对于民族风情餐厅而言，招牌就要突出民族的风格特色。如果不能做到这一点，会让客人感到空有其表，甚至可能还会产生一种上当的感觉。此外，招牌的设计还要符合市容市貌等规定。这就要求制作的招牌不能影响市容市貌，应配合城镇规划建设，与周围的环境、建筑物相协调。

设计鲜明、独特且具有一定文化内涵的招牌可以与户外广告融合在一起，这对让客人形成第一印象有重要的影响。虽然在大多数情况下，户外广告常由交付专业的广告公司设计完成，但也可以与招牌设计相协调以便更好地传达信息。在户外广告与招牌的协调上要注意色彩、形状和外观的不同效果。例如，肯德基把可识别的设计元素融入广告招牌，即使客户不看招牌也知道是哪家餐厅。

四、材质应用

图 4-5　日本直岛 Benesse House 餐厅大量使用木材

（一）木材

材质的选择上，除了表现风格元素外，是否能抵挡天气变化也要作为选用材质的考虑。从风格面来看，"日本人喜爱木材"的印象深入人心，日式料理偏向使用木材来做表现。若进一步搭配水泥材质，则能展现禅意、宁静的意象，常见于价位偏高的高档日式料理店（见图4-5）。

（二）玻璃

透明度效果好的玻璃是外观设计常见的材料，玻璃可为空间带来清透、明亮感，同时可连接室内外，因此重视亲民印象的咖啡馆、轻食简餐店常用玻璃材质来制造空间清新感，且借由视线穿透特性串起室内外互动，缩短与客人的距离。如果餐厅位于人来人往的马路边，要想略遮蔽往来行人的视线，可选择

图 4-6　新西兰皇后镇天空缆车自助餐厅

表面具有纹理、透光不透视的玻璃类型。位于新西兰皇后镇的天空缆车自助餐厅，为了更好与户外景观环境相互呼应，用了大量的玻璃材料（见图4-6）。

（三）瓷砖

花色选择多样，价格平价又具有耐磨、耐剐等特性的瓷砖是外观设计最常使用材质。除了亮面、雾面的选择，瓷砖多变的拼贴手法更能制造独特的视觉效果，若有污渍问题，也很好清理。

在外观建设的选用标准方面，建议风格与功能两者并重，才能更好地呈现餐厅风格定位，也可减少磨损。gaga 餐厅用各种图案

图 4-7　ITC 的 gaga 餐厅墙面和地面选用多样瓷砖

和纹理的瓷砖占据了室内，覆盖了吧台、地板、墙面和通高的柱子（见图 4-7）。

五、光源设计

外观的光源规划，大致上可分为直接照明与间接照明两种，直接照明强调照明功能，最常见的就是将灯直接打在招牌上，形成焦聚效果，让店名在夜晚也可以被清楚辨识。间接光源则大多是将光线打向墙面或地面，由光线的反射制造出更具层次的视觉效果，同时也辅助外观整体明亮度。

间接光源的分布大致可分为自上向下与自左向右，其中以由上打向地面最为常见。而由下向上打光要视店面周围环境是否有可供设置灯具的地方而定。另外，最好避开在招牌后面规划照明，背打灯会让招牌变暗。

夜晚依赖人工灯光照明，白天的光源除了灯具之外，也可引用来自户外的光线增加明亮感。因此，为了引入户外光线，外观设计多会选用大面玻璃或者落地窗，利用清透的玻璃材质，引入白天自然光线提升室内明亮度，也能享有人工光线无法相比的自然暖意。

第二节　餐厅空间的室内设计

一、餐厅室内设计的构成要素

图 4-8　Bandit 餐厅藤编与环锁艺术细节成为
餐厅的视觉中心点

（一）点的构成要素

在餐厅空间中，点的大小是相对的。点对于其他物品来说是相对较小的物品，空间里常常作为点缀引人注目。点也通常是视觉的中心。在餐厅设计中，我们可以通过一定的物质手段来体现我们的设计思想。在很多情况下点的出现，可能是材质、色彩、形状、大小等不同的形式（见图 4-8）。

（二）线的构成要素

线在餐厅空间里，具有连续和引导的作用，也是我们设计的重要手段之一。线所表达的情感内涵也很丰富。线体现的是简洁、明快、直率的性格特征，线既可以是水平线，给人平和感与安全感；也可以是表现庄严的垂直线，表达坚强的情感内涵；还可以是不稳定的斜线，常常用在快餐厅的设计里，给人带来活力和运动感受；更可以是流动的曲线，富有变化，产生幽雅、轻柔的韵律感。

（三）面的构成要素

面在餐厅空间设计里非常重要。空间的特征是由面的形式来界定的，它包括了界面、尺度、材质、色彩的属性以及它们之间的关系。面的表现形式非常丰富，所构成的形式语言也是多种多样的。

二、餐厅设计构成要素的设计方法

餐厅空间是一个由多个空间组合而成的综合空间形态。相对独立的空间是依靠界面来进行分割的。界面设计对室内环境的创造，直接影响空间的氛围和经营管理。界面设计是餐厅空间设计的重要内容，界面是由各种实体围合和限定的，包括顶面、地面、立面和隔断分割的空间。

（一）餐厅顶面设计

顶面界定了餐厅空间的层高，不同的层高影响着空间的不同形态以及相互之间的关系。顶面还可以把许许多多凌乱的空间联系起来，形成整体的格局。

1.餐厅顶面的设计方法

在顶面设计中，有诸多需要考虑的因素，包括顶面的照明系统、报警系统、消防系统等。除了解决技术性的问题外，还不能忽视顶面界面的高度，因为高度不同带给人们的心理感受是不同的。照明系统（这里指人工照明系统）是为了保证餐厅内有足够的亮度。在设计中，我们常常利用人工照明的手段来满足使用和审美的要求。顶面设计应有明确的照明布置图，即用什么照明方式，包括用什么灯具、照度是多大、灯具的距离是多少、是直接照射还是间接照射。除了以上的设计外，还要有解决冷暖问题的暖通系统图、解决安全问题的消防系统图、解决应急措施的报警系统图等。在餐厅空间中，由于功能的不同和人心理的不同需求，人工照明技术的方法是多样的。现在照明系统也日趋完善。

（1）利用自然采光。生态空间已成为当前室内空间学研究的热点。餐厅空间里也引进了生态学的内容，目的在于如何把自然的因素还给人们。利用自然采光的顶面，不仅可以让室内享受到阳光，同时也能节约能源，让空间更通透、更明亮。这样既为人类创造了舒适优美的就餐环境，也最大限度地减少了污染，保持了生态平衡（见图4-9）。

（2）利用原有结构。原有结构保留在餐厅空间，是为了给那些追求自然、朴实风格的人们保留一份空间情感。有的人喜欢修建时留下的斑斑痕迹，有的人钟爱朴实无华的木质本色，有的人则喜

图 4-9　Luneurs 餐厅白天使用的自然光源

图 4-10 Luneurs 餐厅顶部裸露的
混凝土天花板

欢自然的竹质结构，这样既不破坏原有结构，又增加了变化（见图 4-10）。

（3）利用灯具造型。灯具不仅解决了照明问题，还可以变换出不同的色彩，带给人们惊奇和特殊的感受。它们有的像天上的繁星，有的像太空飞船，有的像华丽的水晶……正是这些不同的灯具给顶面界面带来了多姿多彩的造型，把人们引向变幻无穷的境界。贰千金餐厅顶部灯具造型独特别致，轻柔的纱质与餐厅中的金属形成对比（见图 4-11）。

（4）利用体量落差。有的空间为了寻求一种压迫感而利用了体量变化，把人们的心理空间和情绪收敛到最小，迫使这种情绪随空间引导而不断延伸。比如，一些主题性餐厅的空间运用了体量落差的顶面界面形式（见图 4-12）。

（5）利用织物。织物在空间里常常被用于丰富顶棚界面，同时织物具有亲和力，在餐厅空间里具有另一种情调。

（6）模仿自然。模仿自然而形成的顶棚界面是因为在餐厅空间里，由于一些特殊的情感表达，需要再现自然的风格。

2. 餐厅顶部的材料

（1）OSB 板与吸音板。在餐厅空间中如想达到质朴自然的视觉效果可以用 OSB 板。OSB 板是一种装饰性强的板材，由白橡木或松木的碎屑交错压制而成，表面的纹理可以营造出独特的风格，能直接固定于顶面或墙面使用。OSB 板结构密度比木板高，更能承受因热胀冷缩带来的变形问题。考虑餐厅多有

图 4-11 贰千金餐厅顶部的灯具设计

图 4-12 浮域餐厅顶部的穹顶设计

油烟问题，可以在表面再涂上一层防护涂层，起到防尘、抗污的作用。

一些餐厅空间较大、座位数多，则要注意噪声问题。人数一多，交谈声、音乐声等各种声音交集让空间更嘈杂，再加上墙面瓷砖等光滑面材质，声音反射也更为清晰。在中大型餐厅中，建议在顶面与墙面加装吸音板。吸音板多为孔隙的吸音材料，材质多元，有木质、石膏、金属等，能有效漫射和吸收音量，避免造成过多噪声。吸音板本身安装施工简便，直接钉覆于顶面或墙面即可，要靠近座位区等音源发生的地方，效果才显著。

（2）油漆。漆料可以说是所有建材里价格最亲民、施工方式最简单的材料。除了地面以外，还可使用于墙面、顶面，适合想节省预算又注重空间风格氛围的餐厅。在追求视觉效果的商业空间里，视觉焦点多停留在地面与墙面，因此顶面常选择用油漆。顶面油漆颜色的选择是重点，可根据屋高条件，以及想呈现的空间风格、氛围，选择适用的颜色。虽说白色仍是最常被选用的颜色，但与过去有所不同的是，在天花板颜色的选择上会与空间做更多的联结。当层高条件允许，或者想修饰裸露的管线，可以大胆地选择涂刷黑色、深蓝色等深色系的油漆，利用色彩后退原理，更凸显出层高优势，虽说空间感觉会较为暗沉，但会呈现出较为放松的空间氛围。而当想要有点昏暗又想维持一定程度的明亮感时，可选择不会太过刺激视觉的灰色，透过光线可展现较为柔和的空间感。颜色的深浅对于光线的反射效果也会造成影响，由于顶面是光源安排的重点区域，因此颜色选择可以以此作为挑选依据，利用光线与顶面色彩做出更多有趣的视觉变化，也让空间氛围更到位。

（二）餐厅地面设计

餐厅地板，除了因大量踩踏容易磨损外，有关安全防滑的效果以及后续清理保养的便利性，都是在挑选地面材质时要优先考虑的因素。从成本来看，太过容易毁坏的材质，会让成本增加；过于注重美感，而忽略防滑效果，则可能会造成客人与服务人员的安全隐患。因此应先满足功能需求，再追求美感呈现。无论是餐厅的内部还是外部，在选择地板材质时，便于清洁都是首先要考虑的因素：既要便于清洁，也要避免需请专业人士保养付出过多的保养费用。

1. 餐厅地面的设计方法

地面界面要解决餐厅平面的形状、大小、设施和几个通道具体的位置、陈设以及绿化的计划、人流通道、家具、设备等问题，它包含了人们的一切就餐、生产和管理活动。通过地面界面的设计还可以改变人们的空间概念，影响人们的行为方式，从而建立起空间的秩序、流动和主从关系，所以地面界面是设计工作中极为重要的内容，成功的设计是既能满足技术上的要求，又能满足人们心理所需要的艺术。

图 4-13　The Ocean House 休闲餐厅的木地板

2. 餐厅地面的材料

（1）复合木地板。餐厅空间的地板容易因为经常性的踩踏而造成磨损，因此在选用地板材料的时候，除了风格、美感外，对耐用、防滑、耐磨性也有一定要求。其中最常见的地板材料有木材、瓷砖。木材最能提升空间的温馨感，是很多餐厅的第一选择，但实木地板容易磨损且成本高，因此通常选用复合木地板。复合木地板拥有与实木地板接近的木材纹理与温润质感，在价钱上却比实木地板亲民许多，发展至今也有多种木纹可供选择，而且耐磨好清洁，保养维护工作简单许多，可说是功能与美感兼具的地面板材（见图 4-13）。

（2）瓷砖。餐厅空间也会大量使用瓷砖，瓷砖具备材质、尺寸、花色风格选择的多样性。瓷砖可用于地面和墙面，两者之间选用标准最大的不同在于地砖的选择会更加注重清洁、保养和防滑功能，因此，相对砖缝少的大尺寸与摩擦力较高的瓷砖，会比较受到青睐。

近年来随着技术的日趋进步，瓷砖成为餐厅设计中常使用的材质。砖材具备耐刮、耐磨且吸水率低的特性，过去因为要顾及风格统一性而无法使用瓷砖建材，现在瓷砖纹理拟真度越来越高，除了仿天然石材，甚至连木纹效果都极为真实，成功化解了风格呈现上的疑虑。瓷砖可说是能兼顾功能与风格双重需求的很好选择，建议在看得见的座位区域挑选大尺寸砖材，或者是穿插复古砖拼贴，以增加空间丰富性，也能划分不同座位区。另外，在客人看不到的吧台或厨房，可挑选

图 4-14　上海兰巴赫餐厅的地面瓷砖

较为平价的瓷砖，将更多预算放在座位区或其他主要空间（见图4-14）。

（3）水泥粉光。因工业风的兴起，水泥粉光地面也受到广泛喜爱。水泥粉光材质本身即有强烈的特色与个性，也可快速确立空间基调，后续清洁维护也不难，是近年许多商业空间常用的建材。水泥本身就是作为空间建造的基础材料，有质地坚实的特性，而

图4-15　乌克兰地下酒吧餐厅地面适用水泥粉光，具有浓厚的工业风格

水泥粉光则是将表面粗糙的水泥经过修饰美化，达到平整的效果。粉光所呈现的不规则云雾状能让空间更为美观，再加上硬度高、耐用度佳，经常用在餐厅的地面上（见图4-15）。若原有餐厅地面有高低落差，或需抬高地面，可运用水泥灌浆填补，再以粉光修饰。

（三）餐厅立面设计

1.餐厅立面的设计方法

墙体立面作为空间里垂直的界面形式，在餐厅空间里起着重要作用，可利用墙体立面来进行空间的分隔与联系。分隔方式决定空间彼此之间的联系程度，同时也可以创造出不同的感受、情趣和意境，从而影响着人们的情绪。餐厅空间墙体界面设计有多种方法，可据餐厅空间的要求和心理空间的要求来选择和利用。可以是固定空间（通过墙体来形成不变的空间元素，如厨房、卫生间等）和可变空间（通过灵活的分隔来改变空间元素，如屏风、植物、折叠等）；可以是静态空间（相对独立，如雅座区、包间区等）和动态空间（相对宽敞的空间，在处理方法上常常用曲线来表现，如流动的水晶、变幻的光线等）；可以是行为空间（以人体工程学来界定墙体的物理空间，如凉菜空间、卫生间等）和视知觉空间（通过视觉来感受空间的界定，如通过灯光来界定、通过呼吸来体验）。

餐馆的空间分隔是指充分运用客人的感受和视觉变化特征，通过或凹或凸的物体在无遮拦的空间中形成一种视觉的变幻空间区。实行空间分隔后，能使客人在享受相对隐蔽的空间时，又能感受到整个餐馆的气氛。空间分隔的方式有多种，具体采用哪一种方式还需依据餐馆的整体设计和定位。餐馆的分隔既要有艺术性，又不

能给客人压抑感。下面是餐馆空间分隔常用的七种方法。

（1）建筑构件分隔。空间里的柱子不仅起到承担负荷的作用，还能用柱子的排列来分隔空间，形成界面。列柱在建筑空间历史上写下了自己辉煌的一页。它从简单的柱廊发展为欧洲建筑最根本的形式，也成为欧洲建筑最重要的标志。例如，梵蒂冈教堂两边向外伸展的列柱，雅典卫城的柱式标志着希腊风格的成熟。由中式风格的列柱形成的回廊，其柱式的材质主要是木质结构，对中式建筑风格的形成起到了重要的作用（见图4-16）。

（2）软隔断分隔。软隔断分隔就是采用垂珠帘、帷幔、折叠垂吊帘或其他悬挂的手工艺品，对餐馆进行分隔。软隔断的材质一般都奢华、高档，一般用在档次较高的餐馆，给人很舒适的感觉。客人在这种环境下就餐，一般心情较好，回头率往往比较高（见图4-17）。

图4-16　隐溪茶馆（恒隆店）用原始列柱隔断空间

图4-17　麦田之珠精酿啤酒馆用线帘营造出相对独立的就餐空间

（3）利用灯具分隔。造型美观的灯具也是较好的分隔物之一，灯具一般能给人一种隔而不断的感觉，效果与一般分隔物不一样。特别是在西餐馆和酒吧，灯具是最常采用的空间分隔物。因为采用灯具分区，既可保持整体的空间规模，又在客人的心理上形成分隔，而且空气流通良好，视野宽阔。需要注意的是，采用灯具进行空间分隔时，灯具所发出的光线要柔和、温柔，不能太强烈，散发出的热量也要比较弱，否则就会给就餐的客人带来不舒服的感觉（见图4-18）。

（4）通透隔断空间。通透隔断空间通常用带有传统文化气息的屏风式博古架、花窗墙等作为隔断，将一个大餐馆分隔为若干个雅座使用。一般餐馆使用屏风式博古架的较多，因为它伸缩自如，使用很方便。当平时散客较多时，可把餐馆用屏风一一隔开，给客人一个独立的空间；但是，在举行婚庆仪式或是其他宴会时，由于就餐的客人多，为了方便主人招呼客人，则可临时撤去屏风，使每桌的客人之间能够互相交流，从而让气氛更加热烈。

图 4-18　麦田之珠精酿啤酒馆用内有大麦的亚克力灯管进行空间隔断，并呼应啤酒主题

图 4-19　初筵餐厅利用艺术品装饰分隔空间

图 4-20　餐厅利用植物分隔餐厅空间

（5）利用装饰物分隔。装饰物的设置能够给餐馆内部带来丰富的空间层次，也不会对视线造成障碍，客人不会感到乏味，也不会产生审美疲劳。另外，花架、水池以及不同的铺地材料都能起到分隔空间的作用。用来作装饰物的物品外观最好有一定的柔和感，不能够给客人"硬、糙、俗"的感觉（见图 4-19）。

（6）利用植物分隔。用植物来分隔空间不仅可以美化餐馆，还可以保持一定的独立、私密空间。更能使餐馆空气清新，增加视觉上的舒适度，同时还能使空间保持完整性和开阔性，但是，利用植物进行分隔时要注意所选择的植物不能带刺，也不要选择容易造成人体皮肤过敏及不适于室内种植的植物。给植物浇水时，注意不要浇得太多，以防水从植物的根部渗出，污染地面，或是造成地面湿

图4-21　用墙面划分空间，但围而不闭；
用开口和镂空使视线得以穿透

滑，行走不便。同时要注意经常维护、保养植物，使它们呈现出健康的颜色，对枯黄的枝叶要及时进行清除，不要让其长久地停留在植物上，以免影响客人对植物的好感度。

（7）利用墙体分隔。墙体作为空间的界面，是组成空间的要素之一，也是空间划分的重要手段，还起到联系顶面和地面的作用。由于墙面是直面，对人们的视觉往往会产生强大的冲击力，故在设计时显得尤其重要。墙面是展示空间风格的平台，所以墙面的风格和形式也有不同的表现手段。

弧形的墙体界面在空间里产生一种导向感，诱导人们沿着空间的轴线方向运动。弧形墙面还能改变人们的心理活动，使心情变得平和与恬静，因而它常常用于幽雅而温馨的餐厅空间。直线的墙体界面在空间里有简洁、明快的视觉效果，不仅便于人们行动线路的畅通，还对采光和通风也起到很大的作用。在餐厅空间里，直线的墙体更多的是运用在快餐、大排档等餐厅，在方便管理的同时又能让人们便捷地享受到餐饮服务。曲线的墙体界面在空间里是最灵活自由的界面形式，可以随心所欲地分隔空间。在曲线的墙体界面中，人们可以感受到空间的活力。曲线形成的多个空间，在丰富空间界面的同时，还可以改变人们的心情（见图4-21）。

2.餐厅立面的材料

（1）木贴皮。为了营造空间里的温馨感或提升空间温度，最常见是在墙面上贴覆木素材作为装饰，这种贴覆在墙面上的木素材通常并非使用实木，而是与实木相比价格更为便宜的木贴皮。木贴皮看起来有实木质感，但其实不是一整块实木，通常是由木心板、夹板等板材作为底材，然后在表面贴覆比较好的木种薄片。由于价格便宜，因此适用于预算有限的商业空间。除了木种的差异，木贴皮也会因材质的差异而分成塑胶贴皮和实木贴皮，实木贴皮又细分为人造实木贴皮与天然实木贴皮，塑胶贴皮由印刷方式制成，因此较缺乏拟真感，质感也不若实木贴皮。人造实木贴皮表面质地虽然也是实木，但由于是模拟较好的树种纹路，因此纹路较为死板，质感也不若实木贴皮好，天然实木贴皮使用的是实木刨出来的树皮，因此质地上最接近实木，但价格也最贵。

实木贴皮是原木裁切出来的木薄片，有各种不同厚度，最薄可达 0.015 毫米，通常越厚触感越天然，不过价格也越高。根据实木的特性，树皮的纹路大致可分为直纹和山形纹，直纹纹理走向单一，山形纹纹理较为丰富，可按餐厅空间风格做出选择。木皮也会因木种不同而有木色上的深浅差异，一般来说深色感觉较为沉稳，浅色则给人清新感，可依据餐厅风格挑选木色。

（2）木夹板。近年流行自然的空间感，在材质的选用上也偏向不多加修饰的原生材质，因此原本用来作为基材的木夹板，由于并没有被太多美化加工，而且价格便宜，在这波自然风潮中，成为餐厅空间的墙面常用材质之一。

木夹板是以一层层的薄木片上胶堆叠压制而成，通常会采用不同纹理的薄木片做堆叠，借此增加承重力，而根据堆叠厚度不同，大致上分为 3 分夹板、4 分夹板、5 分夹板等。过去木夹板大多作为底材，因此最后会在夹板表面上漆、贴皮或者贴覆面板加以修饰。相较于过去常见的使用方式，目前餐厅空间设计多倾向保留夹板原始样貌，直接贴覆在墙面，以此强调材料的质朴感，也更能创造出简约、自然的空间个性。木夹板虽然价格不高，但仍会根据使用的木种不同而在价格上出现高低落差，当然纹理也有所不同，可根据餐厅预算做出选择。木夹板的厚度来自堆叠薄木片的数量，因此堆叠越多价格也越贵，不过并非越厚越好，而是应根据餐厅的使用需求、用途来做选择。

（3）大理石。大理石是餐厅空间常用的材料。大理石依照色系分为白、黑、米色、咖啡、棕红等。大理石本身纹理具有精致、大器的质感，尤其是白底泼墨、云雾状，或是黑底网状、脉纹状的花色最受欢迎，经典黑白色系能营造优雅贵气的氛围。相较于深色大理石，白色、米色等浅色大理石的硬度相对较软，再加上表面有毛细孔，容易吃色。因此，在设计餐厅空间时浅色的大理石一般多使用于墙面，若用于地面要尽量避免使用浅色大理石，会不易清洁。

除此之外，由于铺设大理石的费用较高，若有预算考量，建议通过局部点缀提升空间质感。可以在餐厅主墙、吧台立面使用大理石营造视觉焦点，或用于卫浴墙面。若想提升奢华气息，可以选择白色大理石搭配黄铜混边，白色搭配黄金光泽，气质高雅。目前也有仿大理石纹的瓷砖，价格相对较低，大尺寸的砖面也能给空间带来大气的视觉感受（见图 4-22）。

图4-22　初筵餐厅不同包房的卫生间为符合主题选用不同的大理石墙面

　　由于大理石本身较重，若餐厅墙面的高度较高，建议采用挂架吊挂，能较好地承重。大理石的拼接最好做无缝处理，虽然价格较高，但摸起来无凹陷感，也不容易有灰尘卡住。若在厕所等用水区域使用，建议挑选防水的大理石。

　　（4）瓷砖。瓷砖是餐厅空间最受欢迎的材料，具有防刮、耐磨、防水等特性，而且花色种类多样，适用于地面与墙面。当瓷砖使用于墙面时，挑选的重点和地面稍有不同：由于不需要特别强调清洁保养等功能，因此可选择的种类也更丰富，花色选择也更多，也不需要顾及砖材的坚硬程度；尺寸选择上由于不用太担心卡垢的清洁问题，还可使用马赛克砖这种尺寸较小的砖材，另外，若想制造出墙面凹凸的立体感，地板砖也是不错的选择。如果餐厅是在户外空间使用瓷砖，要考虑气候条件避免风吹日晒造成材质的质变。

　　若想呈现大器空间的感觉，可挑选大尺寸瓷砖来装饰墙面，这样既能制造出视觉震撼效果，也可展现空间气势。由于瓷砖是铺贴在墙面上，因此要特别注意瓷砖的黏着力，避免因黏着力不够而有掉落、损毁的情形发生，造成安全隐患。瓷砖大致可分为雾面和亮面。雾面较为低调，注重于空间氛围的呈现，而具光泽质感的亮面砖则适合运用在可快速聚集视线的主题墙上（见图4-23）。

图4-23　奶茶店铺中的墙面瓷砖

（5）特殊漆。油漆在餐厅设计材料选择中是较经济实用的选择，虽然色彩选择很多，但从视觉角度缺乏特殊性，容易让人感到平凡单调。因此，对于需要强调空间特色的餐厅空间来说，如果不想在墙面上装饰过多材质，又想要有所变化，可以选择不同质感的特殊漆。与一般油漆相比，除了色彩外，特殊漆可呈现出立体纹路，甚至可仿造出宛如石材、做旧、皮革的墙面质地，在视觉和触觉上都能改变一般人对漆料的平面想象，制造出独特的空间魅力。市面上常见的特殊漆有金属漆、马来漆、仿石漆等，随着科技的进步，这些漆料除了强调其装饰效果外，更具有防潮抗霉、抗紫外线等功能，让空间在注重美感的同时更具备实用功能。

● 知识链接

日本建筑大师隈研吾的10种材料设计

隈研吾（Kengo Kuma）是日本著名的建筑师，自1990年设立隈研吾建筑都市设计事务所（KKAA）至今，隈研吾的作品已遍布全球20多个国家并获得了众多权威奖项的认可。"保存现存的人文与自然"是贯穿于隈研吾所有作品的设计思想。他致力于打造有温度的、以人为本的建筑。目前，他和他的团队正专注于可取代混凝土、钢铁的新材料研究，从而探索后工业时代的全新建筑形式。

请扫描二维码
进行学习

一、木头：梼原町木桥博物馆

梼原町木桥博物馆位于日本高知县，结合了日本传统美学与当代建筑元素，这个"漂浮"在空中的建筑由无数相互交织排列的木梁架组成，所有结构都由建筑底部的一根中心支柱支撑。博物馆两头设有两部全玻璃观景电梯，但这两个透明的玻璃体被巧妙地隐藏在背后的植物景观中，突出了全木质结构的建筑主体。

小构件组成的大体量的新形式采用本地红杉木，所有结构由底部中心支柱支撑实现了大悬挑，没有使用任何大型构件。建筑被设计成一个极具雕塑感的三角体量，对邻近山体和森林表达了一种敬意。

二、竹子：长城脚下的"竹屋"

竹屋是建在狭窄的山岩之上的建筑，姿态舒展，与环境浑然一体，大量竹子的运用，将中国的传统建筑风格和日本建筑的空间感有机结合，体现了东方文明的精神气质和艺术风格。

由于竹子在干燥后很容易裂开，少有人会拿它来作为支撑建筑物的柱子，隈研吾却通过把竹子当模子，然后在里面灌入混凝土，解决了强度和耐久性的问题。这些竹子为了防止腐朽，需要在适当的季节砍下，并且对竹子进行约280℃的热处理来杀死竹子里寄生的微生物，再涂满油才行。

三、混凝土：V&A 博物馆邓迪分馆

由日本建筑大师隈研吾操刀的 V&A 博物馆邓迪分馆位于码头区，是伦敦本馆外唯一分馆，也是苏格兰第一座设计博物馆，以苏格兰东方海岸的悬崖峭壁为灵感，耗资超过 8000 万英镑（约 7 亿元人民币），打造出如帆船般的造型，期望能重新联结城市与历史悠久的海滨。

该建筑立面共有 2500 个重达 2 吨、长度约 4 米的人巨型混凝土固定在表面，其排列组装在外墙的形式复杂，会随着太阳照射角度变化，创造变化丰富的光影效果。

四、铝：北京前门

该改造项目位于前门东侧，在北京旧市区的中心，建筑外立面上的铝幕由两种铝制构件如同拼图一般组合而成，形成雕窗式的有机立面图案，并与原有的砖墙结构以及玻璃幕墙相结合，产生了一种平衡的透明感，将四合院面向胡同街道开放。

五、纸：私人博物馆

这是隈研吾为一座私人博物馆做的室内设计，里面收藏了于 2005 年逝世的西班牙大师 Antoni Clavé 的作品，包括绘画、雕塑、舞台和服装设计等。隈研吾在整个空间中使用了传统的日本纸"和纸"作为装饰。这些纸网由位于日本新潟的工作室 Yasuo Kobayashi 所制作，主要用于博物馆的中央楼梯间和天窗的衬里，半透明的质感创造了光与影的微妙反应。

六、亚克力：透明感花卉主题餐厅

"Nacree"餐厅通过从天花板上悬挂下来的亚克力筒，在餐厅的不同区域之间建立透明的帘幕和分割区域；装饰性花朵的茎插在它们之间，这种不透光的性能让人造光汇聚或扩散。"透明"的方式让餐厅与就餐环境浑然一体，隈研吾也在该设计的其余部分延伸了植物和透明性的主题。

七、瓦：中国美术学院民艺博物馆

由隈研吾设计的民艺博物馆坐落于中国美院的象山校区，建筑形式与当地的地形地貌相呼应，以温和的形式嵌入绿色环境中。建筑物的屋顶由一些废弃

的屋瓦覆盖着，建筑立面同样使用这些废弃的屋瓦，固定在交织的不锈钢丝上。这样的立面帮助控制外部视野，并形成了有趣的室内光影效果。

八、陶瓷：陶瓷之云

陶瓷之云位于意大利北部雷焦艾米利亚一座交通环岛上，陶瓷大多数情况下仅作为混凝土结构上的装饰性材料，而隈研吾在考量了陶瓷的强度之后，运用陶瓷作为结构材料，大块的陶瓷板经机械处理和特殊设计的金属件相连组成了这些元件。这个装置长 40 米，高 7 米，纵线是直径 18 毫米的钢管，横线是 1052 块 1200×600×14 毫米的瓷砖。在这里，隈研吾用陶瓷创作了一座像云朵一样的纪念作品。

九、碳纤维：抗震办公楼

CABKOMA 绳索由日本的 Komatsu Seiten 纤维实验室发明，其中利用了合成的无机纤维，包裹在热塑性树脂里，6 根细股的碳纤维杆再紧紧地拧在一块儿，就成了一根结实的绳索。160 米长的 CABKOMA 绳索仅重 12 公斤，相同强度的钢缆大约是其 5 倍重，非常便于运输。这种材料被隈研吾用在了 Komatsu Seiten 办公室的外围，每一根的定位都经过电脑的精确计算，充分考虑了水平地震力的影响，以及从南北向和东西向的位移。

十、膜：茶室

隈研吾在这个项目中提出了一种动态的"可呼吸的建筑"的设想，不同于传统的以玻璃纤维为基材的膜材料，TEE HAUS 中使用了由聚酯线连接在一起的双层膜结构，中间充上气，形成可控的体量，这个双层膜更为柔软和透光，当膨胀和收缩时建筑仿佛真的在呼吸。

（资料来源：https://www.sohu.com/a/298837179_696292。）

复习与思考

一、简单题

1. 餐厅的外观设计包括哪些内容？

2. 餐厅空间设计的构成要素有哪些？

3. 餐厅设计的顶面、地面和立面设计如何进行协调？

二、运用能力训练

课程实践：分小组对所在城市不同商圈的某一餐饮类型进行实地调研，可围绕餐厅选址、客源市场、餐厅的功能分区、设计理念等展开，调研成果整理成文字报告，并以小组为单位用 PPT 形式进行汇报。

推荐阅读

严康.餐饮空间设计［M］.北京：中国青年出版社，2014.

第五章

餐厅空间的
体验设计

● 本章导读

　　餐厅体验设计中的照明、色彩和细部设计等因素对餐厅空间氛围的影响起到很关键的作用，这些因素与其空间结构布局及室内装饰一起成为承载与发扬餐厅风格的载体。无论是雅致大气的中餐馆还是浪漫高端的西餐厅，或者是种种风格迥异的酒吧，都需要通过体验设计中的因素来进行氛围营造。

知识目标

1. 了解餐厅照明设计常用的几种光源类型，照明设计的原则，照明设计的方式，掌握餐厅空间常用的照明装置。

2. 了解色彩的基本原理与色彩设计的要点。

3. 了解餐厅的植物设计、家具设计和陈列设计。

能力目标

1. 学会运用灯光设计营造餐厅空间特定的氛围。

2. 掌握不同色彩搭配的方法，并应用于餐厅中。

3. 掌握餐厅植物设计的方法，可以为设计的餐厅选择适合的植物与陈设。

第一节　餐厅空间的照明设计

照明设计在餐厅空间设计中起到了举足轻重的作用，餐厅空间灯光的完美表达，可以使空间内的元素相得益彰，氛围宜人，以此来凸显美食的品位与品质，照明在餐厅空间中成了一个独特且重要的设计元素。

一、餐厅照明设计的影响因素

一般照明质量的标准是根据舒适度、视觉效果和经济性三方面要求确定的。对于餐厅空间照明来说，照明设计需要根据不同的类型来营造特定效果的舒适餐厅空间。

（一）光源的照度

光的照度是指物体单位面积上所含的光通量，合适的照度应该是人们长时间地从事工作，也不会因为照度而感觉到疲劳。在生活中，人们在清晨的阳光照射下观察物体，或者在黄昏的夕阳照射下观察物体，视觉不容易疲倦，反而还会觉得有些温馨、暖和。而在正午光线的直射下观察同一个物体，可能在很短的时间内，人的视觉就会开始感到疲劳、难受，甚至出现头晕目眩等现象。这些反应是由于清晨太阳和正午太阳光通量发生了变化，从而导致照度发生改变，进而影响到了人的感官接受能力（见图5-1）。在餐厅空间中，人正常就餐时间大致为30~60分钟，晚餐时间部分人甚至超过60分钟，为了消费者在长时间就餐时有着较好的就餐体验，餐厅空间需要提供一个舒适宜人的就餐环境。

图5-1　阳光、月光、星光和火光伴随着我们的生活，旭日与夕阳交替，白昼和黑夜循环

　　在餐厅设计中，艺术化的灯光氛围容易将客人带入身心愉悦的境界，但是不以舒适感作为前提，单纯地追求艺术效果很容易适得其反。餐厅照明设计必须综合考虑视觉功效、舒适感、亮度均匀度等因素，合理的照度分布对视觉舒适度有重要的影响。

　　不同类型的餐厅空间对照明的要求也有所不同，以空间亮度水平为例，大型宴会厅的照度相对其他空间要求较高，可以运用高照度来营造宴会厅的大方庄重、富丽堂皇的氛围；快餐厅的照度也相对较高，以突出其简洁明快的空间环境；酒吧的餐厅空间相对较暗，追求一种神秘虚幻的气氛。

　　为保证餐厅空间照明的舒适性，照明设计尤其要考虑产生眩光的可能。眩光的产生主要是由于视野中不适宜的亮度分布，或在空间或时间上存在极端的亮度对比，以致引起视觉不舒适和降低物体可见度的视觉条件，人眼无法适应的强光，造成视觉疲劳，严重还可能引起厌恶、不舒服感。空间中，眩光是照明与材质相互作用的结果，所以餐厅空间中要依据材质选择照明，或者根据照明需求选用材质，避免眩光的产生。

（二）光源的色温

　　光线的颜色主要取决于光源的色温。不同光源色温的颜色各不相同，给人的视觉感受也不同。光源色温小于3300K有温暖、沉静的感觉；光源色温在3300K至5300K为中间色温，有舒适的感觉；光源色温大于5300K则有凉爽的感觉。应根据餐厅的特色采取不同色温来增加人们冷暖的感觉，营造相应的就餐气氛。

　　餐厅空间整体光环境采用暖色系色温，可以营造温馨氛围，通过色温结合空间效果，就餐时内心达到平静。还可以通过色温让照度相适应地减弱，能使空间更感亲切，人们可以在里面长时间逗留和进行交流洽谈，放缓生活节奏，感受到亲切和宁静；快餐空间为了营造一个快速消费环境，使用的光环境都是中间色调的色温，其目的是提供一个快速流转的氛围、加快人们的就餐速度、提高翻台率从而获取利润；酒吧行业为了刺激人的神经系统，通过加快光色的变化频率和多种光色的融合，营造一个兴奋、刺激的环境。一些川菜系、火锅菜系的高档餐厅空间中，由于这类餐厅空间一般菜品口味比较重，口感麻辣，装修风格偏暖色调，所以会用中间色调或者冷色调照明，通过色温去中和环境和就餐者的情感（见图5-2）；而在高档的餐吧、酒吧中人们食用冷饮、冰镇食物时，通常运用到暖色系灯光，通过光环境的色温中和就餐情感（见图5-3）。

图 5-2　凑凑火锅店用冷色调灯光

图 5-3　Peachache 亲子餐厅使用暖色系色温

（三）光源的显色性

光源照射到物体上面，物体所呈现出来的颜色，叫作光源的显色性，良好的显色性可以呈现物体的真实色彩。餐厅空间不同于其他商业空间，照明设计除了要满足舒适性，还要表现菜品的品质并塑造人的面部表情。不同的光源照射，食物色彩变化具有很大的差异。在良好的光环境下，食物显得新鲜诱人，通过视觉刺激人们的味蕾，而技术指标较低的灯光通过视觉感受会影响就餐者的胃口。因此在设计时应充分考虑灯光的色温与显色性，有效地对就餐者视觉进行调节和引导。有部分餐厅照明设计时未能考虑到光线对人面部表情的影响，现在大家对于良好面容的关注度逐渐提升，设计时要注意调节就餐区的照明，保证顾客面容柔和，光源的色温及显色性对于形成良好的空间氛围及改善环境也具有一定的作用。

例如，针对不同地域环境提供不同照明设计。中国北方地区由于地域环境寒冷，喜欢偏低色温的暖色光，使顾客感觉很舒适；而温暖的南方地区，则相对比较喜欢高色温冷色光，使餐厅给客人清凉的感觉。日系料理、自助餐厅、火锅店等，这些菜品的食材很多时候会涉及生食，由于生食自身特性的血腥感，若将它置于高显色性的光环境中，部分消费者对生食的颜色会产生本能的生理和心理反应，长时间看到生食会有作呕的情绪反应，所以在面对这些食品、食材时，应当充分考虑它们给消费者带来的消极作用，比如在菜品存放区，合理运用光的显色性对于人情感变化的特征，适当降低显色性。

因此，根据不同餐厅空间的经营方向、功能区域去配置不同参数显色性的光环境系统，有助于提高人在餐厅空间中人对食材、菜式、环境的视觉享受，再通过人的视知觉，间接影响嗅觉、味觉的综合感官效果，进而产生生理、心理的作用效应，使人在就餐时能通过显色性升华就餐情感，促进就餐食欲。

（四）照明设计的艺术性

餐厅空间需要合理的布置灯具，使光线有距离、形态等变化，形成冷暖明暗变化、亮度渐变的照明效果，形成丰富的空间层次。灯光的层次感能够打造富有质感的环境氛围，尤其是在相对面积较大的空间，使用简单的、单一的光源会使空间看起来空旷无变化。餐厅空间整体的协调性及空间氛围的营造也需要依靠灯光来实现。通过灯光将餐厅空间各区域环境系统地结合到一起，与空间材质协调搭配，并可以借助光色的冷暖调节顾客对空间的感觉。

1. 创造气氛

光的亮度和色彩是决定气氛的主要因素。室内的气氛也由于不同的光色而变化，许多餐厅、咖啡馆和娱乐场所，常常用加重暖色，如粉红色、浅紫色等，使整个空间具有温暖、欢乐、活跃的气氛，暖色光使人的皮肤、面容显得健康、美丽动人（见图 5-4）。家庭的卧室也常常因采用暖色光而显得更加温暖和睦。强烈的多彩照明，如霓虹灯、各色聚光灯，可以把室内的气氛活跃生动起来，增加繁华热闹的气氛。

图 5-4　喜喜小馆餐厅通过灯光营造餐厅氛围

图 5-5　集雅咖啡厅用灯光突出展示的佛像

2. 加强空间感和立体感

空间的不同效果，可以通过光的作用充分表现出来。亮的房间感觉要大一点儿，暗的房间感觉要小一点儿。也可以利用光的作用来加强希望注意的地方（见图 5-5），如趣味中心，也可以用来削弱不希望被注意的次要地方。许多商店为了突出新产品，在那里用亮度较高的重点照明，而相应地削弱次要的部位，获得良好的照明艺术效果。照明也可以改变空间的虚实感，许多台阶照明及家具的底部照明，使物体和地面"脱离"，形成悬浮的效果，而使空间显得通透、轻盈。

3. 光影艺术与装饰照明

我们应该利用各种照明装置，在恰当的部位，以生动的光影效果来丰富室内的空间，既可以表现光为主，也可以表现影为主，也可以光影同时表现。装饰照明是以照明自身的光色造型作为观赏对象，通常利用电光源通过彩色玻璃射在墙上，产生各种色彩形状，用不同光色在墙上构成光怪陆离的抽象"光画"，是表示光艺术的又一新领域（见图 5-6）。

二、餐厅照明的方式

（一）从照度角度分类

图 5-6　宝格丽 IL Ristorante 餐厅生动的光影效果

1. 一般照明

一般照明是为照亮整个被照面而设置的照明装置，使室内环境整体达到一定照度，满足室内的基本使用要求，而不考虑特殊的局部需要。一般照明均匀的亮度，可以避免眼睛眩光。例如，餐馆里的室内顶灯及吊灯等都属于一般照明。

2.局部照明

局部照明是指专门为照亮某些局部部位而设置的照明装置，通常是加强照明度以满足局部区域特有的功能要求。局部照明能使空间层次发生变化，增加环境气氛和表现力，如餐馆内设有的射灯、休息区的落地灯等。

图5-7　陶陶居餐厅的混合照明

3.混合照明

混合照明是指在同一场所中，既有一般照明，以解决整个空间的均匀照度；又设置局部照明，以满足局部区域的高照度及光方向等方面的要求（见图5-7）。

（二）从活动面角度分类

1.直接照明

光线通过灯具射出，其中90%~100%的光通量到达假定的工作面上，这种照明方式为直接照明。这种照明方式具有强烈的明暗对比，并能造成有趣生动的光影效果，可突出工作面在整个环境中的主导地位，但是由于亮度较高，应防止眩光的产生。直接照明比较适合公共大厅等人数流动较多的场所，在餐馆应用也较广。例如，宴会厅内设有一定的直接照明使整个大厅变得灯火通明、热情华丽，利于创造隆重华贵的氛围。

2.半直接照明

半直接照明方式是用半透明材料制成的灯罩罩住光源上部，使60%~90%以上的光线集中射向工作面，10%~40%的被罩光线又经半透明灯罩扩散而向上漫射，其光线比较柔和，一般采用半透明玻璃、有机玻璃、透明纱等材料加在灯具上，也能挡住一定的光线，从而给环境带来宁静、舒缓、祥和的气氛，这种照明方式适用于休闲餐厅及咖啡厅等需要相对比较安静的场所。

3.间接照明

间接照明方式是将光源遮蔽而产生的间接光的照明方式，其90%~100%的光线照射到顶面或墙面，完全依靠反射回来的光线照明的一种方式。通常有两种处理方法：一是将不透明的灯罩装在灯泡的下部，光线射向平顶或其他物体上反射成间接光线；另一种是把灯泡设在灯槽内，光线从平顶反射到室内成间接光线。间接照明光线非常柔和，很少有阴影，能使天花板及墙面变得更高。有些餐馆直接将灯装在地板下，盖上玻璃罩，使光线直接向上反射，产生的环境气氛非常温和安宁。

4. 半间接照明

半间接照明方式，恰和半直接照明相反，把半透明的灯罩装在光源下部，60%~90%的光线射向平顶，形成间接光源，10%~40%的光线经灯罩向下扩散。这种照明方式具有一定的私密性及幽静感，对建筑顶部轮廓能给予强调刻画，在餐馆常用作装饰照明。

5. 漫射照明方式

漫射照明是指使光线上下、左右的光通量相同，这种照明光线无定向、均衡而柔和，并且不会造成明显阴影。漫射照明的方法大体上有两种形式：一种是光线从灯罩上口射出经平顶反射，两侧从半透明灯罩扩散，下部从格栅扩散；另一种是利用罩有乳白色的半透明磨砂玻璃或有机玻璃灯罩的照明灯，通常被用于餐馆的过厅、通道、雅座等场所。

三、餐厅照明设计的方法

（一）餐厅人工照明的重要作用

1. 人工照明的导向性

人有趋光的本能，通过灯光序列组织所产生的光的导向性，可以突出餐馆外空间到内空间及内空间各个层次的过渡。

2. 创造虚拟空间

人工照明能通过改变光的投射，使空间界面形成强烈反差，突出空间造型的体面转折，而且还可以利用明亮的光照模糊空间界面的变化，减弱空间的限定度，创造虚拟空间。通过人工照明，可以调整空间感，夸大或缩小空间的尺度。利用人工照明还可以限定空间，划分区域，明确一个空间范围，如在座席上方低垂的一片光带或餐桌上方一个点光源所投射的区域等。

3. 表现材质的质感和色彩

通过对人工照明的强弱及投射角度的设计，可以充分表现材料的质感美，强化对质感肌理的表现。例如，将光线照射在不锈钢上，可以使光线交相辉映，使室内灿烂夺目。除了表现材质的质感美，照明还利于表现材质的色彩美。

（二）餐厅外部照明

1. 招牌照明

招牌照明方式有两种：一是用投光灯投射招牌、店标，便于远距离识别；另一种是用灯光映衬招牌，在招牌的背后以高亮度的光线为背景，以实体字遮挡光线，清晰映衬出字体外轮廓，使之易于识别（见图5-8）。

图5-8　发记甜品的灯光招牌

2. 霓虹灯照明

霓虹灯因为内充气体不同，电流大小变化，可以呈现出不同的色彩，还可以造成闪烁感和动感。霓虹灯可以组成面光源与线光源，色彩鲜艳、富于变幻，而且易于加工。在餐馆外霓虹灯常常用来强调形体的外轮廓，组成各种图形、标志与字体（见图5-9）。

3. 橱窗照明

橱窗照明可以采用点光源，重点照射被陈列的食品。灯具应选用显色性比较高的白炽灯，白炽灯的光线强调暖色，使食品的色泽更为鲜艳诱人（见图5-10）。

图5-9　餐厅的霓虹灯招牌

图5-10　宝格丽餐厅甜品店的橱窗照明

（三）餐厅内部照明

1. 顶面类灯具

顶面类灯具有吸顶灯、吊灯、镶嵌灯、扫描灯、凹隐灯、柔光灯及发光天花板等类型。例如，有的西餐厅的顶面灯具与平顶镜面相结合，活跃而轻盈（见图5-11）。

图 5-11　摄影主题咖啡厅的顶部灯具

2. 墙面类灯具

墙面类灯具有壁灯、窗灯、檐灯、穿灯等种类，散光方式大都为间接或漫射照明。光线比顶面类灯具更加柔和，局部照明给人以恬静、清新的感觉，易于表现特殊的艺术效果（见图 5-12）。

3. 便携式灯具

便携式灯具是指没有被固定安置在某一地点，可以根据需要调整位置的灯具，如落地灯或台灯等。落地灯或台灯一般用于餐馆的待客区及休息区等区域。

四、灯具的类型

图 5-12　Brut Eatery Wine Bar & Restaurant 餐厅的墙面照明

现在市场上的灯具类型以及款式多种多样，可以满足不同的照明需求，不同的灯具营造出的灯光效果也大不相同。在餐厅设计中，为了避免过于呆板的设计，常常会在同一空间使用多种类型的灯具，如射灯、吊灯、壁灯、台灯、落地灯，以及反光灯槽等。造型上混合了多种流行元素，如古典与现代的、中式与西式的。材质更加多元化，除了玻璃、金属、塑胶等工业材料外，还有一些自然的原生材料，如竹、藤、线、纸等。在灯具的选择上，应尽量选择与餐饮品牌的调性、整体装修风格相一致的灯具，从而增加品牌的识别度，达到视觉传播的效果。

照明设计的最终效果是通过照明灯具实现的，同时照明灯具是作为室内陈设而出现的。一般而言，餐厅经常用到的灯具包括台灯、壁灯、吊灯、筒灯、格栅荧光灯盘等几大类。

（一）台灯和壁灯

台灯和壁灯一般作为局部照明或一般照明的补充。在很多主题餐厅中，为了避免呆板的单一照明，常在整体照明中增加几盏台灯或壁灯来补充台面照度的不足，丰富空间的层次。此类灯具的位置比较低，需要做好灯具的遮光处理，避免在人的视线范围内产生眩光（见图5-13）。

图 5-13　浮域餐厅餐桌上的台灯

（二）吊灯

吊灯出现在面积较大的餐厅和档次较高的宴会厅，常常位于餐厅室内空间的中心，在空间中它是最明亮的物体，往往成为空间的视觉中心，它的造型和风格在很大程度上决定了餐厅的品位和档次。例如，宴会厅为了表现贵族气质，采用华丽的水晶吊灯；以海洋为主题的风味餐厅，用鱼形吊灯来表达设计思想。在使用筒灯或荧光灯作为一般照明的餐厅，可以用吊灯作为补充照明（见图5-14）。

图 5-14　Blue Car Coffee 餐厅的吊灯

图 5-15　西郊 5 号餐厅用筒灯突出墙面壁画

（三）筒灯

筒灯的口径小，主要特点是外观简洁，隐蔽性强，不易引起人们的注意。在餐厅空间的照明中，单独使用筒灯可以得到很好的整体照明，可以通过沿墙壁的筒灯与中间的荧光灯并置，形成餐厅空间的整体效果，得到均匀的整体照明，还可以加强装饰墙面的照明（见图 5-15）。

（四）格栅荧光灯盘

格栅荧光灯盘是照度要求较高的餐厅不可缺少的照明灯具，它以其较高的照明效率和经济性成为各类快餐厅和中低档餐厅的首选灯具。反光灯槽，又称暗藏灯带，通过反射光使餐厅空间得到间接照明，主要特点就是在餐桌上不会有明显的阴影，从而创造了一个良好的就餐视觉效果。总的来说，餐厅空间无论选用哪种灯具，灯具的风格需要与室内陈设协调一致，才能够唤起宾客的食欲。

第二节　餐厅空间的色彩设计

色彩是餐厅空间设计中最重要的元素。一个成功的餐馆设计总是有着令人满意而又印象深刻的色彩效果。而错误的色彩选择常常是造成精心策划的餐馆设计失败的原因。色彩是进行设计的重要工具之一，它能够改善空间的视觉感受，使一个空间的尺度在视觉上发生变化。编制色彩计划是一个综合性的问题，需要经过一番深入的研究才能达到得心应手的境界。不存在一个绝对的规则可以用来支配色彩的搭配，但经验积累而成的种种建议则能带领我们最终做出不同效果的色彩计划。

一、色彩的基本原理

产生色觉，必须具备四个要素：光、物体、眼睛与大脑。色觉的形成有它的物理基础、生理基础和心理基础。

（一）色彩的种类和属性

1. 种类

（1）原色。原色可以划分为两大类，分别是光的三原色和颜料的三原色。

（2）三原色。色光三原色为红、绿、蓝；颜料三原色为红、黄、蓝。

（3）间色。在色彩三原色中，任何两种颜色都可以相互混合，而混合产生出的新颜色叫作间色，同时也被称为二次色。

（4）复色。复色也被称为三次色，是由三种颜色混合到一起所产生，这三种颜色必须是由原色和复色构成。复色是最丰富的色彩家族，千变万化，丰富异常，复色包括了除原色和间色以外的所有颜色。复色可能是由三个原色按照各自不同的比例组合而成，也可能由原色和包含另外两个原色的间色组合而成。

2. 色彩的属性

（1）色相。色相即每种色彩的相貌、名称，如红、橘红、翠绿、湖蓝、群青等。色相是区分色彩的主要依据，是色彩的最大特征。

（2）明度。明度即色彩的明暗差别，也即深浅差别。它是颜色的第二属性。通俗讲就是色彩有深有浅，有明有暗。色彩的明度差别包括两个方面。一种是指某一色调的深浅变化，如粉红、大红、深红、血红，都是红，但一种比一种深。另一种是指不同色调间存在的明度差别，如颜色中白最浅，黑最深，红橙和深蓝、深绿、黄和浅蓝、浅绿处于相近的明度之间，黄橙红明度依次递减。

明度的对比指以一种主色与其他色的组合、搭配，所形成的画面色彩关系，即色彩总的倾向性。根据明度色标将明度分为九级：一度为最低，九度为最高。明度在一至三度的色彩称为低调；明度在四至六度的色彩称为中调；明度在七至九度的色彩称为高调。

（3）纯度。纯度即各色彩中包含的单种标准色成分的多少。纯色的色感强，即色度强，所以纯度亦是色彩感觉强弱的标志。不同色相所能达到的纯度是不同的，其中，绿色与蓝色纯度最高，灰色最低，其余色相居中，同时深浅度也不相同。

（二）色彩的对比

1. 色调对比

两种以上色彩组合后，由于色调差别而形成的色彩对比效果称为色调对比。其对比强弱程度取决于色调之间在色相环上的距离（角度），距离（角度）越小对比越弱；反之则对比越强。

2. 冷暖色调对比

冷暖色调对比是将色彩的色性倾向进行比较的色彩对比。冷热本身是人皮肤对外界温度高低的条件感应，色彩的冷暖感觉主要来自人的心理感受。

（三）色彩的表达

1. 色彩的情感表达

情感是存在于人类血液中的，与生而来的一种特殊的语言形式，而色彩的情感也就是说当人看到颜色时，经过大脑的分析所产生出来的一系列喜、怒、哀、乐的心理反应。众所周知有沟通就会有情感，这种反应也被看作人类与色彩沟通所得的结果，当然这其中也包括当色彩作用于人类视觉之后所产生出的联想。

而产生出的这一系列的心理反应也囊括了很多的方面，如色彩的心理效应，即不同的颜色给人带来心理上的暗示等。

2. 色彩的视觉表达

人类用眼睛看到色彩之后所产生的影响，也就是最直接的视觉效果，没有任何与之相关或无关的情感掺加进来。如果要完成一份纯粹的视觉作品，那么首先要考虑的就是色彩所带来的直接视觉冲击力，其次才是图案、文字、标志等。

3. 色彩的味觉表达

色彩对于人类味觉的影响其实也与视觉有很大的关系，首先要看到色彩，然后其才能作用于人类的味觉。因此，与味觉色彩最直接相关的就是食品了。某种食品的颜色以及包装的材质等都会影响人们购买的欲望和想吃的欲望。色彩对于味觉的影响也就是某种色彩关系能不能激发出人类的食欲。而有些色彩对味觉的影响是与生俱来的，当人们看到黄色的东西可以在一定能程度上解渴，在看到菜里所加入的色彩鲜艳的配菜，如红色配菜就非常能解馋。在不同的颜色在视觉与味觉的相互作用之下，不同的人对于味觉方面会产生出不同的反应和效果。

4. 色彩的情绪表达

同样色彩的情绪化也是建立在视觉基础之上的，首先要能用眼睛接收到色彩信息，才会有后面一系列所谓的情绪反应。色彩是一个人类概念化的名词，其本身不具有生命，更不要说情感。之所以说色彩能给人带来情绪上的变化，其实其最根本的原因是人类自己所产生出的心理感应和变化，一旦心理发生变化，情绪必然会受到影响，也可以说成是心理与色彩之间的相互呼应，从而使人类产生某种情绪上的变化。

5. 色彩的物理表达

这一效应是在人类视觉和心理的双重作用下所产生的，主要是根据现实世界中的不同事物被创造出来时或生长出来时所自带的颜色给人带来的物理性质上的影响，也就是人类身体最直接的感觉，也被称作色彩的物理效应。例如，不同颜色的物体能给人带来冷与暖的感觉、远与近的感觉、轻与重的感觉、大和小的感觉，这种感觉没有情感的介入，是基于物体的外表最直观就能得出的结论。色彩的这一性质在空间设计中被广泛应用，利用色彩去制造出人类的错觉，从而去弥补某个空间内的不足。

二、餐厅色彩设计的要点

（一）餐厅色彩设计的作用

1. 影响食欲

不同的色彩会对人们的食欲产生不同的影响。红色最能勾起人们的食欲，红色能给人以充满活力的感觉，会刺激食欲，有红色座椅的餐厅，会让人感觉更加饥饿。黄色常常与快乐联系在一起，也是刺激食欲的颜色，一些餐厅会将窗户漆成黄色，或者在餐桌上放一束黄色的花，这种温馨的颜色会让人们觉得更受欢迎，更加饥饿。蓝色让人感觉清爽、纯净，但是蓝色在一定程度上会抑制食欲。绿色代表健康、自然，让人们联想到安全的绿色食品。

2. 塑造品牌形象

在塑造品牌形象的过程中，色彩扮演着极其重要的角色，合理的运用色彩，结合造型设计，可以更快速地把品牌形象传递给目标消费者，使企业在短时间内形成品牌的差异性，树立自己的"品牌色"。好的色彩设计可以帮助顾客识别品牌并增强记忆，通过独特的色彩来强化形象冲击力，促进"品牌色"的形成。例如，麦当劳的黄色、肯德基的红色、德克士的橙色等，这些知名的快餐品牌使色彩成了品牌战略中的关键性武器，在消费者心中建立了持久的"品牌色"印象。

3. 促进消费

美国流行色彩研究中心的一项调查表明，人们在挑选商品的时候存在一个"7秒钟定律"。面对琳琅满目的商品，人们只需 7 秒钟就可以确定对这些商品是否感兴趣。在这短暂而关键的 7 秒钟内，色彩的作用占到 67%，成为决定人们对商品好恶的重要因素。通过环境气氛及餐点的色彩搭配为消费者提供视觉体验，促进消费

图 5-16 發喜甜品通过色彩营造餐厅氛围

者的购买欲（见图 5-16）。

（二）餐厅色彩设计的心理感受

色彩在餐厅空间设计上尤为重要，对色彩的选择，受色相、明度与纯度三个方面的影响。色彩不仅能起到影响空间感的作用，还能影响客人的心理。不同的材料有相应的颜色和质感，不同的材料也可以装饰成不同的颜色，颜色的不同会给人不同的视觉感受，表现为色彩的象征意义和心理感受，如冷暖、距离、重量和尺度等不同的心理感受（见表 5-1）。

表 5-1　不同色彩的心理感受

黑色	黑色给人权威、独立、神秘、个性和冷酷的印象，如果想要营造高级、上档次的氛围，可以优先考虑使用黑色。另外，黑色也代表着邪恶、压抑，甚至死亡，所以，黑色的运用一定要谨慎，尽量避免大面积使用。黑色还是极好的衬托色，与鲜艳的色彩搭配可以使该色彩更加醒目，与黑色的对比效果越强，产生的视觉冲击力越大
白色	白色给人轻飘、柔和、干净的印象，和其他颜色的搭配永远保持着透气性和包容性，比较适合打造简洁、明亮的空间。但是大面积的白色会引起孤独、空虚的感觉，在设计时要注意增加其他色彩的点缀
红色	红色给人热情、活力、旺盛的感觉，象征着生命力、激情和无限的创造力，在宣传活动中经常用来造势，重大的节日也经常会使用到它。警示语也经常会使用红色，因为这样可以引起消费者的警惕
酒红色	红酒给人的印象是奢华、尊贵的，酒红色也给人同样的感觉
粉色	粉色代表开心、浪漫和轻松。如此甜美的颜色有一定的镇静效果，人们在感到放松的时候会更容易消费
紫色	紫色又称为贵族的颜色，是中世纪的欧洲贵族最喜欢的服饰色彩，皇宫装饰也经常用到紫色
橙色	橙色属于激奋色彩之一，热情奔放、活力非凡是橙色给人的印象。橙色是一种积极正面的颜色，这样的颜色很容易就能吸引人的注意力，并且传递一种正能量
黄色	中国古代黄色是最尊贵的，黄色给人一种轻快、温暖、充满活力的印象，同时也给人一种阳光灿烂、积极向上的感觉

绿色	绿色是自然界最常见的颜色，象征着生机和活力，经常用于休闲区和儿童活动区。绿色用在餐厅给人一种有机、环保的感觉，给人一种食品安全卫生的心理暗示
蓝色	天空和大海都是蓝色的，所以蓝色也给人广阔、沉静的感觉。同时它也代表着信任和忠诚，蓝色可以激发消费者的忠诚情绪。调查显示，主色调为蓝色的店铺比其他颜色的店铺吸引的老顾客多约15%

1. 色彩的基调

确定色彩基调时首先要确定餐厅空间总体的色彩基调，然后再针对餐厅空间的不同区域功能来设定搭配的局部色调。处理色彩关系一般是根据"大调和、小对比"的基本原则。餐室内环境的色彩处理，必须在充分考虑自然环境的情况下来进行，色相宜简不宜繁，纯度宜淡不宜浓，明度宜明不宜暗，主要色彩不宜超过三个色相为好（见图5-17）。

图 5-17　色彩不宜超过三个色相（Bandit 餐厅）

2. 色彩的冷暖

色彩的冷暖，如黄、红、橙等给人一种温暖和明亮的感觉，常常令人联想到火和阳光；青色、群青、湖蓝等色给人一种寒冷和遥远的感觉，常常令人联想到海、江、河、湖等；绿色如翠绿、深绿、草绿、浅绿、淡绿等令人联想到田野、森林、草地、麦浪，给人一种寒冷和凉爽的感觉。这就是色彩的冷暖感和象征意义。

在餐厅空间中，利用色彩的冷暖设计来调节气氛，如在酒吧、卡拉OK厅、舞厅等娱乐空间中可以用大量的暖色调来烘托热烈、欢迎、欢快的气氛；而在正式的餐厅空间中需要运用干净、明快的色彩来进行设计，用偏黄暖色作为主调，彰显餐厅空间的干净，刺激人的食欲，突出经营特色；冷饮店则大量用蓝、蓝绿、蓝紫等冷色来向宾客昭示夏天里的凉意。在缺少阳光的区域和利用灯光照明的餐饮包房里，可以多采用明亮的暖色相，以调节其明亮的温暖气氛，增加亲切感。阳光充足的地区里或炎热地方，则可多采用淡雅的冷色相，给人以凉爽的感觉（见图5-18）。

图5-18　南麓·浙里餐厅的色彩设计

图5-19　胡子西班牙餐厅清新的草绿色增强空间感

3. 色彩的距离感

不同的色彩让人在视觉上产生一种进退、凹凸、远近的感觉。暖色系和明度高的色彩，如黄、橙、红等色令人产生一种近距离、凸出和拉近焦距般的感觉；冷色紫、蓝、绿或明度低的色彩，令人产生凹进、后退和一种遥远的距离感。可见将色彩的距离感运用在餐厅空间中时，小的空间，如包房，可以用明度高、暖色调的色彩增强空间，同时营造温馨、干净和增强食欲的作用。在顶棚装修中，使用亮度高、色彩明快的材料和色彩来增加空间；在顶面比较高的大厅，顶棚装修除了层次递进和下沉外，还可以利用墙面比较暖和的色相或明度低的色彩来降低空间，从视觉上感觉下沉。

4. 色彩的重量感

色彩的重量感主要取决于明度和纯度，明度和纯度高的在重量上显得比较轻，给人感觉轻松、明快，如白色、粉红色、浅蓝、浅绿；明度和纯度低的在重量上显得比较重，给人感觉比较沉闷，如黑色、褐色等。同类色，如淡绿、浅绿、草绿、橄榄绿、翠绿、深绿，在相对比较下，淡绿的要轻，翠绿、深绿的要重。暖色系中，红、橙、黄给人重的感觉，冷色系中，蓝、蓝绿、蓝紫给人的感觉也比较重。物体的质感也同样影响重量感，同样的色彩，如白色，松软的棉花、刚降下来的白雪使人感觉轻盈；同样是白色，如果是光洁的白色大理石球就会给人以厚重感。物体的质感、光洁、细密、坚硬、表面结构松软等直接影响物体的重量感。

在门面招牌、接待区、厕所、电梯间和其他一些客人逗留时间短暂的地方，使用高明度色彩可获光彩夺目、干净卫生的清新感觉；在咖啡厅、酒吧、西餐厅等地方则使用低明度的色彩和较暗的灯光来装饰，能给人一种温馨的情调和高雅的气氛。用餐区和包房等逗留时间较长的地方，使用纯度较低的各种淡色调，可以获得一种安静、柔和、舒适的空间气氛；在快餐厅、小食店、食街等餐厅空间里，使用纯度较高和鲜艳的色彩则可获得一种轻松、活泼、自由、快捷的用餐气氛（见图5-20）。

图5-20　南麓·浙里蓝色系的餐厅给人稳重的感觉

5. 色彩的尺度感

暖色、明度高、纯度强的色彩具有膨胀感、扩张感；冷色、明度低、纯度低的色彩具有收缩感和内聚感。恰当地运用色彩在餐厅空间设计中表现，能够改善空间的大小和感觉。

6. 色彩的华丽与质朴

从色相和色彩的明度来看，暖色和明度高的色彩给人感觉华丽、华美，冷色和明度低的色彩给人感觉比较质朴。从纯度上看，纯度高的更华美、华丽，而纯度低的就显得质朴。从质地上来看，质地细密有光泽的华美，质地疏松无光泽的陈旧或质朴。

7. 色彩的积极作用

从色相方面看，红、橙、黄暖色系比蓝、蓝绿、蓝紫、紫红等冷色系更能让人感觉积极和兴奋；从纯度来看，高纯度的色彩比低纯度的色彩更容易刺激人，引起人的注意，从而使人产生兴奋；同纯度的不同色彩因为明度的不同，明度高、亮度高的色彩，刺激性强，能更容易吸引眼球。在餐厅空间中，宴会厅、包房、雅座空间喜用暖色、明度高的色彩，包括了墙面色彩和灯光色彩，容易刺激食欲，增强喜庆气氛。

● 案例学习

椰客餐厅的色彩搭配

案例中的餐厅以"椰子树下"为设计灵感，以椰树、椰子、椰子苗等为设计元素，共同构筑出一个椰林海岸休闲度假的情境空间。

相约椰子树下，脚踏细沙，远眺海岸线，迎风吹着咸咸海风……开阔舒适、惬意自在、清新浪漫，关于大海的全部想象都成了本案设计师的创作灵感。

请扫描二维码
进行学习

天花板上是翻涌的海浪和无限放大的椰树叶子脉络，营造出在深海里吃椰子鸡的新奇氛围。金属材质的应用让餐厅的轻奢、高级感呼之欲出。

走在水墨石上，有一种沙滩漫步的感觉，这是金沙色水磨石的功劳。除了蔚蓝的天花板，深海和浅海还呼应着餐厅里深蓝和浅蓝色的桌椅。墙上放大的椰树叶子则寓意食材的"绿色、健康、自然"。

（资料来源：http://loftcn.com/archives/163208.html。）

（三）餐厅色彩设计的构成

1. 背景色彩

如墙面、地面、天棚，它占有极大面积并起到衬托餐厅内一切物件的作用。因此，背景色是餐厅色彩设计中首要考虑和选择的问题。

2. 装修色彩

如门、窗、通风孔等，它们常和背景色彩有紧密的联系。

3. 家具色彩

各种不同品种、规格、形式、材料的家具是餐厅陈设的主体，是表现餐厅风格、个性的重要因素，它们和背景色彩有着密切关系，常成为餐厅总体效果的主体色彩。

4. 织物色彩

这里指的织物包括窗帘、帷幔、台布、地毯、座椅等蒙面织物。餐厅织物的材料、质感、色彩、图案五光十色，千姿百态，在餐厅色彩中起着举足轻重的作用。织物可用于背景，也可用于重点装饰。

5. 陈设色彩

灯具、工艺品、绘画、雕塑等，它们体积虽小，但可起到画龙点睛的作用，不可忽视。在餐厅色彩中，常作为重点色彩或点缀色彩。

6. 绿化色彩

盆景、花篮、吊兰、插花、不同花卉、植物，有不同的姿态色彩、情调和含义，和其他色彩容易协调，它对丰富空间环境、创造空间意境、加强艺术气息有着突出的作用。

根据上述的分类，常把室内色彩概括为三大部分：第一，作为大面积的色彩，对其他室内物件起衬托作用的背景色；第二，在背景色的衬托下，以在室内占有统治地位的家具为主体色；第三，作为室内重点装饰和点缀的面积小却非常突出的重点色或称强调色。

● 案例学习

色彩丰富的莫斯科ABUGOSH餐厅

ABUGOSH 是一家概念性的街头美食餐厅，供应正宗的以色列美食。该项目位于一座建于 1911 年的古老花园凉亭内的小巷 Sivtsev Vrazhek，周围绿树成荫。在这个面积仅为 22 平方米的小房间里，必须容纳一个开放式厨房，提供舒适的就餐区，同时不失以色列的明亮气息，这对于设计师来说是个挑战。

请扫描二维码
进行学习

入口旁边是一个展示以色列产品的橱窗，装饰有手工制作的图案瓷砖。厨房台面——客人可以通过它看到烹饪以色列美食的过程。

大厅内部高而明亮的空间被设计成明亮的颜色。大胆的蓝色、粉色和黄色色调与修复的古墙、渔网和水泥手工瓷砖相结合。所有元素都赋予空间新鲜感和轻盈感。通过修复后的具有独特历史图案的窗户，空间获得了从白墙反射的最大阳光量。20 世纪 50 年代的复古装饰灯悬挂在高高的天花板上，温暖柔和的灯光营造出舒适的空间。

只有具有自然、舒适触感的材料才被用于装饰、原装家具和灯具。以色列的多彩气氛用餐厅里真实的小东西——彩绘盘子、跳蚤市场的古董、一把扇子和各种小装饰品加以强调。

（资料来源：http://loftcn.com/archives/114192.html。）

三、餐厅色彩搭配的方法

1. 同类色搭配

同类色是指色相性质相同，但色度有深浅之分，在色相环中，呈 15° 左右的颜色，如深红与浅红。这类色彩搭配效果简洁明亮、干净大方，在餐厅空间采用这

图 5-21　兰巴赫餐厅同类色搭配

样的色彩搭配能减少或消除顾客的疲劳感，但是同类色组合也容易产生沉闷、单调的感觉，所以可以适当地加大色彩明度、纯度的差别，并配以不同的肌理和灯光来增加色彩之间的层次，另外还可以在同类色的基础上加一些对比色的装饰物作为点缀（见图5-21）。例如，在以蓝色为基调的餐厅空间中，可以局部搭配些橙色的装饰物作为点缀，这样既可以营造宁静高雅的气氛又能增进食欲。

2. 邻近色搭配

图 5-22　餐厅邻近色搭配

邻近色又称类似色，在色相环中，呈45°左右的颜色，在视觉上色相的相似性关系非常明显，如朱红与橘黄的搭配就是典型的邻近色搭配，邻近色搭配与同类色搭配相比具有更丰富的层次和变化。一般适用于空间较大、功能要求复杂的公共场所，因而在餐厅空间中应用较广。邻近色搭配通常是利用两个邻近的浅色作为背景，形成色彩的协调感，再用1~2个彩度较高的对比色作为点缀色，点缀色用来装点餐桌、餐椅及陈设，形成重点，带来主次分明、过渡自然的效果（见图5-22）。

3. 对比色搭配

在色相环中超过90°的色彩搭配，就能够达到色相对比的效果。在高彩度的情况下，色相间呈现的角度越大，表达的情感越强烈，色彩组合越有活力。这种色彩组合对比效果强烈、鲜明，如果搭配不当就很容易让人感觉杂乱，所以对比色搭配要配合明度、纯度来进行调和，需要注意的是不过度使用明度和纯度的调和，否则会使整个空间发灰，也不能大面积使用，否则容易产过度兴奋、烦躁的感觉（见图5-23）。

4.无彩色与有彩色搭配

黑色、白色、灰色，以及金色、银色都是无彩色，无彩色给人以平稳的感觉，但是单纯的无彩色搭配会给人以沉闷、无聊的印象。无彩色几乎可以与任何有彩色搭配使用，鲜艳的有彩色给人以跳跃、有活力的感觉，两种色彩搭配在一起会产生意想不到的效果，让原本因为使用无彩色造成的无力和沉闷的空间突然活跃起来，极具现代感（见图5-24和图5-25）。

图5-23　Bandi餐厅对比色搭配

图5-24　Fumi咖啡黑白搭配

图5-25　觅食小馆餐厅的彩色系搭配

第三节　餐厅空间的细部设计

餐饮环境氛围设计对于餐厅整个空间组织的再创造有重要的意义，各环境要素需要有机结合在一起，从植物的设计到家具的样式，从陈设饰品的风格到织物的纹样、色彩，都需要相互呼应、和谐统一，以提高整个空间的品位。

一、餐厅空间的植物设计

（一）餐厅空间植物设计的作用

植物是室内不可或缺的装饰品，植物本身就具有天然的形态美，植物的生机勃勃给我们带来大自然的感受，能让人平静放松，产生愉悦的心理感受。植物在餐厅空间中的运用和作用是多方面的。

1. 改善空气质量

植物通过光合作用，吸收二氧化碳释放氧气，增加负氧离子浓度；有些植物能吸收二氧化硫等对人体有害的气体，还能吸附空气中的尘埃，过滤空气中的异味，净化室内空气，提升舒适度；植物通过蒸腾作用，可以增加空气湿度、调节温度，为餐厅节省不少电费。植物景观作为一种特殊的室内陈设品，具有美观的姿态与清新的色彩，将其运用在餐厅设计中，可以在陶冶情操的同时使原本生硬、冰冷的餐厅空间变得活泼与生动，从而改善就餐环境。

2. 组织和改善空间

植物有分隔、引导和限定空间的作用，将盆栽成排或成列摆放，形成通透的半遮掩空间，不仅能分隔空间增加私密性，还不会破坏整体的空间结构，甚至可以填充和遮挡一些犄角旮旯的空间，如墙脚、楼梯处、拐角、窗台、洗手间等。在入口、转弯、楼梯等重点区域放置植物，具有突出重点、引导动线的积极作用。设计师利用绿植本身具有的观赏性特点，可以引起人们的注意，从而引导人流走向。例如，在餐厅入口处设计造型优美的植物景观，将植物由室外延伸至室内空间，模糊室内与自然之间的界限，引导人们走入餐厅；在等候区设置小景，以增强空间的趣味性，缓解人们等待时烦躁、郁闷的情绪。

3. 渲染空间气氛

植物的色彩是丰富多样的，利用植物的色彩特点可以调和点缀整个空间的色彩氛围；不同的节日可以摆放不同的植物营造节日氛围，如情人节摆放玫瑰花、母亲节摆放康乃馨、圣诞节摆放圣诞树等。餐厅空间的风格和类型定位是选择植物时必须要考虑的因素，植物的品种、色彩、植株大小要符合空间的风格特点，使整个空间的风格协调统一。

（二）餐厅空间植物设计的原则

1.可持续发展的原则

陈设品能够体现可持续发展原则，减少建筑垃圾的产生，缓解生态压力。在植物的选择上，设计师应从经济性、可持续性方面考虑，选择易存活、无公害的植物，最好就地取材。其除了具有便于运输、

图5-26　餐厅应选用容易养护的植物

节省人力等好处，还可以使餐厅空间富有地方特色，体现本土风情。设计师在设计中应选择容易存活与后期养护的植物，并结合当地的气候、餐厅内部的温度和采光条件，不可只追求视觉审美效果，而无视后期的养护成本（见图5-26）。

2.功能美与形式美相结合

植物景观在餐厅空间中的应用意在创造功能良好、环境优美的室内环境，设计师应当遵循形式服从功能、以人为本等原则，在布景时关注人的生理特征，注重人在室内的感受。例如，餐厅内部不应放置对人体有害的植物；放置在人群流动较大或转角处的植物应避免选择体形较大的针叶型植物，防止其影响通行；不在就餐区放置易凋零、易招虫的植物，以免影响人们的用餐体验；带刺类植物可运用木栅格、铁艺栏杆等半包围围栏或玻璃、塑料等透明材质进行隔离处理，以防止其对人产生伤害。

餐厅还应具有良好的空间尺度、空间比例、空间关系，在室内造景时，可通过植物的组合搭配，形成高度上的层次感、色彩上的对比效果，以增强室内装饰的趣味性与多样性。考虑到植物会随季节而变化的特点，设计师应注意营造多样化的植物景观。例如，广东韶关出现了可在墙壁上种植的新式农业产品，这一技术为天然氧吧类餐厅提供了支持，可赋予墙面更多的趣味（见图5-27）。

3.色彩服务于设计风格

植物除了体量大小外，其颜色、纹理与餐厅定位是否协调也十分重要。植物不只有绿色这一种色彩，还包括色彩各异的各类花朵。植物色彩产生的对比能够给人们带来视觉冲击，给人们留下深刻的印象。色彩对比弱的植物给人稳重、冷静的感觉，适合较为庄重、严肃的餐厅场所；色彩对比强烈的植物使人感到活跃、欢快，给人带来轻松、愉悦之感。

图 5-27　Uncle no name 餐厅墙面植物布置

植物景观对室内的色调有着画龙点睛的作用，植物景观设计应遵循室内整体的设计风格，毫无章法的设计会使空间因缺失主题而显得混乱不堪。例如，美式风格的餐厅常以浅色调为主，较为清新、淡雅，在植物的配置上可选择饱和度较高的绿色的植物，还可配米黄色、粉色、淡紫色的花朵，使室内空间富有生机，更显典雅、精致之感；中式餐厅常采用山石、水流、绿植相结合的手法，整体追求自然，在植物配置上常选用菊花、文竹、兰花、梅花等色彩淡雅且具有美好寓意的植物，营造古朴典雅的室内氛围。

（三）餐厅空间植物设计的风格

设计的形式取决于功能，餐厅的植物设计也是如此。餐厅空间的植物设计目的是为就餐者创造一个舒适的用餐环境和氛围，以便尽可能地满足消费者的生理需求和审美需要，从而吸引更多的客人前来用餐，获得更大的利润。餐厅植物的设计者应根据市场实际需要和自己的风格喜好定义出不同风格的餐厅，而作为装饰要素之一的植物其特点必将与整体风格相统一，才能达到和谐完美。

1. 东方禅意风格

东方人把美学建立在"意境"的基础之上，讲究诗情画意，表现内涵深邃的意境。这种美学态度使得禅意风格餐厅的植物设计更重于搭配摆放上的精妙，而无关于数目的多少；注重自然的美感，而较少人工的雕琢，以此形成了特有的植物配植方式。东方禅意风格的餐厅植物在美学形态上常为点式（如小型盆栽、插花作品等），它本身所占的空间较小，与室内其他布置保持一定距离，从而显得相对独立，凸显个性（见图 5-28）。常用植物包括仙人掌、仙客来、吊兰等。东方禅意风格还会使用具有意向符号的植物，如竹、兰花、梅花等来表达餐厅的风格。例如，隐溪

图 5-28　柏联酒店腾冲店餐厅荷花作品与酒店中式禅意风格搭配

茶馆上海建国西路店，设计师注重时空的构建与情境的营造，表达出一种人与时、人与境、人与自然的共处艺术，因此在植物的选择上多选用竹的元素，与山石、青松呼应，自然巧妙融入禅意，化为设计元素。

2. 民俗及地方风格

此类餐厅风格鲜明，带有强烈的地域色彩和乡土气息（见图5-29）。以水乡风情或民族风情为主题的餐厅，它们在绿化装饰上异曲同工，用材十分大胆，常以原木、仿木构筑空间或竹架构筑空间，架上藤萝缠绕，处处绿意浓浓。若餐厅为封闭式空间，以灯光照明、光线不足，装饰植物则多为人造植物或极耐阴湿的

图5-29 Bandit餐厅的仙人掌植物配合餐厅的沙漠风格主题

植物，如泰式风格的餐厅往往运用芭蕉、棕榈等热带植物，以凸显当地风情；日式风格的餐厅使用黑松、青苔、残木，可以营造出宁静、素雅的空间氛围。

3. 欧式风格

欧式风格的室内装饰绿化秉承了西方园林追求征服自然为美的传统，表现的是植物经过一定方式的摆设或人工整理布置之后的自然美。近几年流行的北欧设计餐厅更注重植物设计，北欧设计风格给人感觉简洁、宁静、贴近自然，没有浮夸虚华的设计。植物最能让餐厅空间感觉贴近自然，所以它在北欧风格餐厅中必不可少。例如，龟背竹无论是单独叶片还是整体植株，都会有很好的装饰效果；琴叶榕其外形较为柔和，可以修饰北欧风格餐厅的一些冷硬线条。量天尺继承了仙人掌耐炎热干旱、生命力顽强的特点，轮廓感很强，特别适合搭配极简风格的餐厅。尤加利叶整体看上去纤巧又精细，非常适合放在精致的花瓶中，装饰桌面空间。

4. 快餐店风格

以肯德基、麦当劳为代表的快餐店，每日大量的用餐人数决定了其用餐空间排布比较紧凑，绿化空间较少。此类快餐店的植物装饰多半是简洁明快的，色彩明丽。一方面符合现代人的审美，另一方面简洁统一的布置，既不让人觉得无物可赏，也不会让人感觉过于舒适安逸，长久逗留。

快餐店的面积有限，"寸土寸金"，在植物设计方面一是设置多功能的绿化带，

二是利用如挂壁、吊盆、吊篮和壁架等设计手法来填补平面用地的不足，以形成一个立体的空间绿化面。立体绿化时，对于场地更为局促的用餐场所，应当使用标准的镶嵌式布局方式，可以将种植器制成半圆、三角、花瓶等各种形状，镶嵌在柱子、墙壁上，栽植花木，或在墙、柱上砌成规则或不规则的人工洞穴，嵌入天然石料，将植物栽入穴内，充分利用竖向空间，装饰成幅幅精致的壁画。快餐店的常用植物为花叶芋、竹节秋海棠、非洲紫罗兰、冷水花等。

二、餐厅空间的家具设计

不同类型的空间对于家具的选择是不同的。例如，中式风格的餐厅一般需选用传统家具，或者经传统家具进行简化提炼，造型带有中式元素、中式色彩、中式特点的家具。而西式风格的餐厅既可以选择西方古典样式的家具来营造豪华大气的空间氛围，也可以选择具有现代感的家具，体现时尚、浪漫优雅的感觉。酒吧、冷餐台是西餐厅特有的陈设。所以，餐厅在家具的选择上需要特别注意。

（一）餐厅空间家具的作用

家具的功能具有双重性，既有物质功能，又有精神功能。前者除满足人们就餐、就饮及相关后勤操作活动的功能外，还具有分隔空间、组织空间等功能。

1. 分隔空间

在餐厅空间设计时，可以利用家具来分隔空间，减少墙体面积，提高空间利用率，使空间变得开敞、富有情趣。一个大的餐厅空间往往可以利用家具的灵活布置划分成不同的就餐区域，形成大小各异的就餐空间，并通过家具的安排来组织人们的活动路线，使人们根据家具安排的不同去选择就餐的合适场所，这在餐厅的平面布置中较为直观。例如，可以利用板、架等家具来分隔空间（见图 5-30）。有的家具本身就能围合空间，如火车座式的餐座，可以围合成一个个相对独立的小空间，以取得相对安静的小天地。

图 5-30　宝格丽酒店大堂咖啡吧用搁架分隔空间

2. 组织空间

家具可以把餐厅空间划分成若干个相对独立的部分，使它们各自具有不同的使用功能。在餐厅空间中可以通过家具的布置来巧妙地组织人流通行的路线，满足人们多种活动和生活方式的需求（见图 5-31）。

3. 填补空间

家具的款式、数量、配置方式对餐厅空间效果有很大影响。在室内空间出现构图不平衡的时候就可以在空缺的位置布置几、架、柜等辅助家具，使空间构图均衡、稳定。

4. 营造氛围

家具在餐厅空间环境气氛和意境的营造上具有重要的作用。不同形态的材质、风格的家具都具有各自

图 5-31　宝格丽宝丽轩餐厅用备餐台分隔空间

的特点，所以需要根据空间的需要来进行选择（见图 5-32）。由于家具在餐厅空间中占据很大的分量，客人就餐时，家具又往往成为眼前最直接的视觉感受物，所以餐厅家具成为人们感受环境气氛的首要部位。设计精美、具有艺术性的餐厅家具能陶冶人的审美情趣，体现民俗文化，营造特定的环境气氛，还具有调节餐厅室内环境色彩等作用。

例如，体型轻巧、外形圆滑的家具能给人轻松、自由、活泼的感觉，可以用来营造休闲的用餐氛围；竹质家具具有一种乡土气息，适宜营造质朴、自然、清新、秀雅的用餐气氛；使用珍贵木材和高级面料制造的家具，配上雕花图案和艳丽的花色，适合高贵、华丽、典雅的高档次餐厅。

图 5-32　三顿半 into_the force 原力飞行店金属质感的家具营造出未来感

（二）餐厅空间家具的类型

家具的类型很多，在餐厅空间中常见的有木质家具、金属家具、塑料家具和竹藤家具等。

1. 木质家具

无论在视觉上和触觉上，木材都是多数材料无法超越的，木纹独特美丽的纹理、独具的温暖与魅力，以及易于加工、造型多样、经久耐用、手感润滑且具艺术价值和观赏价值高等特点使其从家具中脱颖而出。木材一直为家具设计与创造的首选材料，在现代家具日益趋向新潮与复合材料的今天，仍然在

图5-33　原舍餐厅的木质家具

现代家具中扮演重要的角色。木质家具是目前市场上的主流家具（见图5-33）。

2. 竹藤家具

利用竹、藤、草、柳等天然纤维编织的工艺家具的生活用品是一项有悠久历史的传统手工艺，也是人类早期文化艺术史中最古老的艺术，至今已有7000多年的历史了。人类的早期智慧，手的进化灵巧和美的物化都在编织工艺中得到充分体

图5-34　LOKAL by Wagas 的藤编家具座椅

现。在高科技普通应用的现代社会，人类并没有摒弃这一古老的艺术，反而在现代发展中日趋完美，与现代家具的工艺技术和现代材料结合在一起，竹藤家具已成为绿色家具的典范。天然纤维编织家具具有造型轻巧而又独具材料肌理编织纹理的天然美，为其他材料家具所没有的特殊品质，仍然受到大家的喜爱，尤其是迎合现在设计"返璞归真"

的风格潮流，拥有广阔的市场（见图5-34）。

竹藤家具主要有竹编家具、藤编家具、柳编家具和草编家具，以及现代化学工业生产的仿真纤维材料编织家具，在品种上多以椅子、沙发、茶几、书报架、席子、屏风为主。近年来开始金属钢管、现代布艺与纤维编织相结合，使竹藤家具更为轻巧、牢固，同时也更具现代美感。

3. 金属家具

金属家具是指家具整体由金属材料制成或骨架由金属材料制成，其他部分用别

的材质（如木材、玻璃、塑料、石材、布料等）制成的家具。金属家具简洁大方、时尚感较强，适用于营造现代气息浓郁的餐厅空间。金属家具以其适应大工业批量生产标准、可塑性强和坚固耐用、光洁度高的特有魅力，成为推广较快的现代家具之一。特别是随着专业化生产、零部件加工，标准化组合的现代家具生产模式的推广，越来越多的现代家具采用金属构造的部件和零件，再结合木材、塑料、玻璃等组合成灵巧优美、坚固耐用、便于拆装、安全防火的现代家具（见图5-35）。

图5-35　ad hoC餐厅的金属家具台面

4. 塑料家具

塑料家具是以塑料为基本材料制成的家具。塑料家具质轻、耐高温、造价低、制作方便、表面光洁、颜色多样，塑料制成的家具具有天然材料家具无法代替的优点，尤其是整体成型、自成一体、色彩丰富、防水防锈，成为餐厅空间，特别是户外区域家具的首选材料。塑料家具除了整体成型外，更多的是与金属、玻璃配合组装成家具（见图5-36）。

5. 玻璃家具

玻璃是一种晶莹剔透的人造材料，具有平滑、光洁、透明的独特材质美感。现代家具的一个流行趋势就是把木材、铝合金、不锈钢与玻璃相结合，极大地增强了家具的装饰观赏价值，家具正在走向多种材质的组合，在这方面，玻璃在家具中的使用起了主导性作用。

图5-36　上海话剧院咖啡厅门前台阶的塑料座椅

由于玻璃现代加工技术的提高，雕刻玻璃、磨砂玻璃、彩绘玻璃、镶嵌夹玻璃、冰花玻璃、热弯玻璃、镀膜玻璃等各具不同装饰效果的玻璃大量应用于现代家具，尤其是在陈列性与展示性与家具以及承重不大的餐桌、茶几等家具上，玻璃更是成为主要的家具（见图5-37）。

现代家具日益重视与环境、建筑、家居、灯光

图5-37　玻璃家具

的整体装饰效果，特别是家具与灯具的设计日益走向组合，玻璃由于透明的特性，更是在家具与灯光照明的效果烘托下起了虚实相生、交相辉映的装饰作用。

6. 石材家具

图 5-38　宝格丽宝丽轩餐厅的大理石茶几

石材是大自然具有不同天然色彩石纹肌理的一种质地坚硬的天然材料，给人的感觉高档、厚实、粗犷、自然、耐久。天然石材的种类很多，在家具中主要使用花岗石和大理石两大类。由于石材的产地不同，故质地各异，不同品种的石材石纹肌理不同，同时在质量价格上也相距甚远：花岗岩中有印度红、中国红、四川红、虎皮黄、菊花青、森林绿、芝麻黑、花石白等；大理石中有大花白、大花绿、贵妃红、汉白玉等。

在家具的设计与制造中天然大理石材多用于桌、台案、几的面板，以便发挥石材的坚硬、耐磨和天然石材肌理的独特装饰作用。同时，也有不少餐厅的室外庭院家具，室内的茶几、花台是全部用石材制作的（见图 5-38）。

（三）餐厅空间家具设计的要点

1. 家具风格与餐厅风格一致

最安全的家具风格是和餐厅室内风格一致，同类型的设计有强化风格的效果，但对比的风格搭配也可以创造强烈反差与个性感，其实还是要看餐厅想要吸引什么样的客人。例如，自然户外调性的咖啡馆，家具则以木头搭配布艺椅面，带出温暖氛围。

2. 家具选择要考虑舒适度

家具特别是餐椅的选择，关系客人就餐时的用餐体验。高吧台在设计时最令人担心的就是坐起来没有一般餐桌舒服，尤其是在提供餐点的餐厅空间，因此在挑选吧台椅的时候，建议选择有椅背的款式，让身体有支撑，不用一直弯腰驼背，同时也可以选择具有高低升降功能的吧台椅，能适合各种身形的顾客使用。

3. 餐厅定位决定家具尺寸与家具形态

餐厅的面积是家具尺寸需要考量的因素，但最重要的还是餐厅的定位，高级餐

厅在家具选择上会考虑尺寸与
舒适度，而价位较实惠的餐厅
则应考虑翻台率，若是座位太
舒服反而会让客人坐太久，不
利于快速翻台。桌型对空间分
布没有绝对的影响，但若考虑
到客人会有拼桌的需求，方桌
是比较合适的选择，如两张 2
人座的方桌很容易拼桌为 4 人
座，但若是圆桌的话就较不方
便（见图 5-39）。设计预算较

图 5-39　THE CUT 觅食小馆的桌椅，方桌容易拼台

少的餐厅可以把贵的桌椅放在门面，而内部则可选择较便宜的家具，用较少的费用
突出餐厅的质感。

三、餐厅空间的陈设设计

　　餐厅空间的陈设品是指除了固定的墙面、地面、顶面、建筑构件、设备外一切
实用和可观赏的物品，主要包括灯具、织物、装饰品、日用品和植物等，它们是室
内环境的重要组成部分。在餐厅空间中，陈设品在组织空间、美化环境、渲染环境
气氛等方面都起到重要的作用。

● 案例学习

餐桌椅设计案例

　　一、寻潮记餐厅桌椅设计
　　在宽敞明亮的空间里，应使用家具给餐厅加分，通过空间
的装饰以及灯具的材质（可选用金色）来提亮。在家具的选择
上，提取潮汕特色文化"工夫茶"的色调，温和中带有古韵。
桌椅材质选用古朴素雅的竹编和棕色结合突出层次感，软包选
用亚光的材质，靠背细节上选用竖条形式，在轻重中平衡空间的色彩。

请扫描二维码
进行学习

靠近落地玻璃窗处的散座位置，区域的视觉更为通透，餐桌选用大理石和金属镶嵌结合，精致中考虑细节。餐椅选用软包与木质结合，餐椅的主色调与通透的落地玻璃窗形成对比。

二、许个愿吧创意烘焙空间

作为一家创意烘焙空间，除了装饰上要与众不同，在家具上也要让消费者有共鸣。几何的造型呼应星球的多元化、个性化，餐桌造型轻薄的水磨石桌如同外太空的飞碟，有灵动性和线条感。色调上运用星空的蓝调与原木色结合，突出科幻感的同时带有烘焙的原味。

三、中西名菜——东西文化融合

前厅位置营造一个中西融合的庭院格调。在家具的选取上，设计师选用简洁流畅的家具，体现线条感，软包的靠背和坐垫提升消费者就餐的舒适度，色调上选用西瓜红作为点缀。在卡座包厢位置，暗藏浓厚的20世纪60年代西洋气息。家具上考究，东方文学中渗透西方艺术。传统中式的代表色调，红与绿的结合，让传统的气息更为朝气。卡座的材质选用亚光磨砂质感，暗藏的纹理使卡座更具中式对细节的考究特性。西式的吊灯透出暖和的光源，使整体透出暖意的氛围。

四、星樾城

很多东南亚餐厅会以本土五彩斑斓的色调烘托空间，但是星樾城设计师在家具设计时提取了视觉设计上的主色调——墨绿色与金色。造型上的灵感来源于东南亚的列车座位，以简洁的线条为主，当消费者就餐时，如同在当地列车车厢中感受当地的阳光，眺望热情的风景。在材质中选用光面的皮质与金属质感相结合的材料，金属的线条框架使沉厚重的"墨绿"色更有吸引力，同时搭配洁白的大理石餐桌，平衡色感。

卡座区域座椅的设计，源于东南亚的藤编工艺的提取，与木质相结合，软包的色调呼应空间其他就餐区域的家具，浓郁的东南亚风味，在边角处运用金属作为点缀，体现出设计师对细节的巧思。

（资料来源：http://www.360doc.com/content/19/1001/12/36921470_864303091.shtml。）

（一）陈设品的类型

目前，专门为餐厅空间设计制作的陈设品，如雕塑、陶瓷、绘画作品等已经形成一种产业，这些批量生产的摆件和挂件产品适合空间陈设，价格相对较低。但也有一些高档餐厅会请专门的艺术家来创作陈设品，是否有这种需要可以根据实际情况来决定。

1.织物

织物具有质地柔软、品种丰富、加工方便、装饰感强、易于换洗等特点，是餐厅环境创造中必不可少的重要元素，也是广泛使用的陈设品之一。织物具有多种实用功能，在餐厅空间中可以作为墙布、地毯、窗帘、帷幕屏风、门帘、各种物体的外套、台布、披巾、卫生盥洗巾和餐厨清洁用巾等。织物在空间组织上的利用可以使空间虚实结合、过渡自然。此外，织

图 5-40　THE CUT 觅食小馆墙面绳线编织品营造出独特的风格

物还可以弥补钢铁、水泥和金属等材料给人的冰冷感觉，使空间获得温暖、亲切、柔软、和谐的感觉（见图 5-40）。

2.日用陈设品

日用陈设品包括陶瓷器皿、玻璃器皿、金属器皿、书籍杂志等。人们在日常生活中离不开它们，它们也是餐厅空间设计中营造氛围的重要部分。

陶瓷器皿以黏土为原料加工而成，富有艺术感染力、风格多变，有的典雅娴静，有的古朴浑厚，有的鲜亮夺目，有的简洁流畅（见图 5-41）。玻璃器皿玲珑剔透、晶莹透明，可以营造华丽、清新的气氛。金属器皿通常用于酒具和餐具，其光泽性好、易于雕琢，可以制作得非常精美。铜铸物品则往往给人感觉端庄沉重、精美华贵。书籍杂志有助于增加室内空间的文化气息，营造品位高雅的效果。

图 5-41　陶土艺术摆设给人温暖的感觉

图 5-42　初筵餐厅中的中式陈列装饰

3. 装饰陈设品

装饰陈设品是指本身没有实用价值而纯粹作为观赏用的陈设物品，包括艺术品、工艺品、纪念品、观赏植物等。

艺术品是较为珍贵的陈设物品，包括绘画、书法、雕塑和摄影作品等，有较高的艺术欣赏价值，可以陶冶人的情操，营造文化氛围，提高空间档次（见图 5-42）。

工艺品分为实用工艺品和观赏工艺品。像瓷器、陶器、草编等工艺品本身既具有实用价值，又具有装饰性。木雕、石雕、彩塑、景泰蓝、挂毯这种陈设品只能供人们欣赏，不具有实用性。此外还有一些具有浓郁乡土气息的工艺品，如泥塑、面人、剪纸、刺绣、蜡染、风筝、布老虎等，是构成中华文明的重要部分，在主题餐厅设计中也可以作为很好的陈设艺术品。

（二）陈设品的选择

在选择陈设品时也需要在风格、造型、色彩和质感等方面精心推敲，挑选能反映餐厅空间意境和特点的陈设品，注意格调统一、比例合适、色彩与环境协调等。陈设品的题材、构思、色彩、图案和质地等都需要服从餐厅空间环境的安排。

1. 陈设品的风格

陈设品风格的选择需要与餐厅风格相协调，这样可以使餐厅空间看起来更加整体、协调、统一。还可以选择与餐厅室内风格有对比的陈设品，利用对比效果可以使空间更加生动、活泼、有趣。但要注意使用的度，少而精的对比才有效果，否则会产生杂乱之感。

2. 陈设品的造型

陈设品造型多样，可以丰富餐厅空间的视觉效果。在设计中需要巧妙运用陈设品千变万化的造型，采用统一或对比等设计手法，营造生动丰富的空间效果（见图 5-43）。

图 5-43　汤小罐以中国传统陶器作为陈列品

3. 陈设品的色彩

陈设品的色彩在餐厅环境中的影响比较大，因为陈设品在餐厅空间中通常是属于被强调的部分，是视觉的中心。对于整体设计较为素淡的餐厅空间，陈设品需要选择较为鲜亮的颜色，起到点缀的作用。对于挂画等大面积的陈设品则可以选择与背景相协调的颜色，使整个餐厅空间看起来更加和谐。

4. 陈设品的质感

陈设品质感的选择应从室内整体环境出发。不同的陈设品质感不同，木制品的自然感、金属品的光洁坚硬、石材的粗糙、丝绸的细腻等，只有了解各材料的质感，才能在设计时按照空间的需要来选择。虽然统一空间采用统一质感的陈设会产生统一的效果，但是陈设品与背景材料的质感有对比则更可以显示出材料本身的质感（见图 5-44 和图 5-45）。

图 5-44　宝格丽餐厅中的宝格丽珠宝挂画体现
餐厅的艺术性

图 5-45　初筵餐厅入口处的贾克梅蒂雕塑增添了
餐厅的艺术氛围

复习与思考 ⫶⫶⫶

一、简单题

1. 餐厅照明设计的影响因素和设计方法有哪些？

2. 餐厅设计时候怎么进行同类色搭配？

3. 餐厅空间家具设计的要点有哪些？

二、运用能力训练

● 案例分析

墨尔本饮品店色彩分析

　　FRETARD Design 为 Tealive 在墨尔本最大的交通枢纽——南十字星车站设计了一个色彩缤纷的饮品小店。他们寻求视觉刺激，用充满活力的紫色和黄色来吸引顾客，甚至在喝第一口饮品之前就能让顾客精神焕发。引人注目的天花板装置，代表了吸管穿透泡泡茶盖子的方式，在强调大胆的品牌色彩和古怪个性的同时，也增加了商店布局的吸引力和质感。

图 5-46　墨尔本饮品店（1）

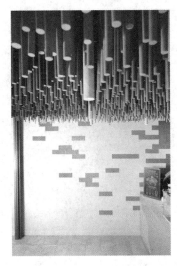

图 5-46　墨尔本饮品店（2）

（资料来源：http://loftcn.com/archives/87025.html。）

请综合以上案例，思考如下问题：

1. 本案例中餐厅的色彩搭配用了什么方法？

2. 请结合本案例分析甜品店的色彩搭配一般采用什么方法？

推荐阅读

1. 简名敏. 软装设计师手册［M］. 南京：江苏人民出版社，2020.

2. 严建中. 软装设计教程［M］. 南京：江苏人民出版社，2013.

3. 祝彬，樊丁. 色彩搭配室内设计师宝典［M］. 北京：化学工业出版社，2021.

第五章　餐厅空间的体验设计

第六章

各类餐厅
空间设计

● 本章导读

　　随着社会的发展，人们更加注重餐饮空间的文化与就餐的氛围。随着餐饮空间发展的多样性，现在各类餐饮空间也应运而生，百花齐放。不同的餐饮空间在设计时，既有相同点也有各自的特点。空间布局有什么样的规律？各自的风格都有什么特点？设计的过程需要注意或者遵循什么规律？这些是本章重点阐述的内容，也是本章需要研究、学习和掌握的内容。

学习目标

知识目标

1. 了解中式餐厅设计的原则和特点。
2. 了解西餐厅设计的原则和特点。
3. 了解日式餐厅设计的原则和特点。
4. 了解咖啡厅设计的类型和风格。
5. 了解茶饮空间的设计类型和特点。
6. 了解酒吧空间的设计原则和特点。

能力目标

1. 掌握运用中式餐厅的设计方法。
2. 掌握运用西餐厅的设计方法。
3. 了解日式餐厅的设计方法。
4. 了解咖啡厅的设计方法。
5. 了解茶饮空间的设计方法。
6. 了解酒吧空间的设计方法。

第一节　中式餐厅设计

一、中式餐厅设计的原则

（一）注重人文理念

餐厅空间除了需要满足人们正常的用餐需要以外，更重要的是满足人们的精神需要，因此，餐厅空间的人文理念就显得尤为重要。当今的顾客更看重餐厅空间的文化内涵和艺术氛围。对餐饮不仅要求食品好吃，在空间及环境上也要求有情调，同时要散发出丰富的文化底蕴。每个餐厅空间都要突出自己的独特之处，传达个性所在。

（二）表达地域文化特征

设计中式餐厅时更要注重突出民族特点以及地域文化特征，既主张民族个性的张扬，又要做到民族特点的现代化设计。完成这类空间设计时不仅要注意空间的造型、色彩和材料的运用，更主要的是把传统装饰元素的内涵引入空间设计中，将传统的色彩、图案、文字运用到餐厅空间的主题营造中，才能彰显其民族特色。另外，在餐厅空间的营造中，还要考虑内外环境的融合，例如，城市中到处都是高楼大厦、钢筋水泥，如何让空间融入环境，以一种自然轻松的状态加入地域文化，使餐厅空间更具有地区个性特征是设计的重点（见图6-1）。

图6-1 宝格丽餐厅的景观设计营造出徽派文化独有的雅致氛围

（三）新旧元素的融合

在中国传统建筑中，常常给人的感觉是富丽堂皇、色彩丰富的。在中式的餐厅空间设计中，传统的元素依然可以使用，但是需要注意的是不要一味地将传统元素堆砌在一起，应该把一些传统的元素、手法、特征和现代时尚的建筑元素以一种独特的手法融合在一起，进而体现餐厅的别具一格。例如，中国传统文化中的一些神

图6-2 初筵餐厅包房中的碎瓷片墙画体现了新旧的对比与融合

话故事、传说等，都可以添加现代的元素，用一种现代的独特的手法表达出来，这样不但可以传达传统的文化氛围，而且又具有新颖的特色，中华文化气息扑面而来，更加符合现代人的审美标准和使用习惯（见图6-2）。

二、中式餐厅的空间设计

（一）中式餐厅的空间布局

以传统中式餐饮最新的平面布局来看，第一种是以宫廷建筑和传统民居四合院建筑为代表的中轴线式的对称布局，在整个设计上，借鉴了民居四合院布局的特点，从门、楼道到壁灯都采用了相同的手法融入设计中。第二种是从江南出发，采用园林的手法以及自由散点式的布局，这种布局的独特之处在于可以自由地组合，并插入了隔扇等特点，给人室内空间室外化的感觉，犹如置身于江南园林之中。

（二）中式餐厅的材料选择

在传统的中式建筑设计当中，建筑材料多采用木材，但是考虑到环保因素，木材的使用越来越少。但是，由于社会的进步和科技的发展，在市面上可以看到越来越多的新型材料。例如，复合板材、钢铁、有机玻璃等，经过加工，它们也可以达到对材料的需求。在中式餐厅中，通过不锈钢、镜子、玻璃的运用，可以使陈设物受到光照的影响，呈现出中式餐厅陈设设计的艺术性。

当今建筑界对竹材的运用较多，竹材是一种绿色环保材料，并且具有生长迅速的特点。竹，作为岁寒三友之一，其独特的风骨与韵味，也可以提升中式餐厅的品位。通过不同材料、不同装饰的运用，又可以丰富人们的视觉效果、触觉感受以及认知效果，提高人们的心理认知能力。

（三）中式餐厅的色彩搭配

在中国传统的色彩中，主要采用红、黄、黑、白、青；而在中式餐厅的装饰中，为了突出独特的品位，较多采用大块色彩之间的搭配。红色在人们心中都有重要的意义，有种火热、喜庆、吉祥的味道。无论是结婚时的"囍"字，还是新年来临时的"福"字，都是依托于红色，红色表达出温暖、喜庆之意。在五行中，黄色代表土，而土为尊。这样黄色就与"尊崇""正统"联系在一起。各个朝代的君主也采用黄色制作龙袍，因此在中国餐饮中，将黄色作为过渡颜色更为适合，这样既加强了视觉效果也增加了餐厅空间的豪华氛围，给人一种大气、气派的感觉。

黑红搭配对比强烈呈现出震慑人心之感；青白搭配显示出朴素、典雅。除了上述传统的色彩外，现在传统的中式餐厅更是加入了不乏时尚的流行元素。无论如何搭配，只要满足设计风格的特点，与菜色融合在一起，符合整个大环境的特点，能满足用餐者对餐厅心理感受的要求，就是好的设计。另外，有关无色彩的运用，道家认为，一切事物的生成变化都是有和无的统一，而"无"是最基本的，

图6-3　宝格丽宝丽轩餐厅色彩搭配

"无"就是"道"。黑白作为两种极度反差的颜色，黑色总给人庄重之感，而白色给人柔和与纯洁之感。最后，还应重视青花蓝的点缀。而青花蓝源于陶瓷中的一种——青花瓷，在传统中式餐厅设计中，为了表现出独特之处，将青花蓝运用于色彩中，显示出平和与祥和的气氛（见图6-3）。

（四）中式餐厅的灯具搭配

灯具可以提高中式餐厅设计的效果，通过灯具的造型、色彩的运用，可以有效烘托中式餐厅的氛围，并为人们带来愉悦、舒适的感觉（见图6-4）。

图6-4　贰千金中餐厅灯具

（五）中式餐厅的植物配置

植物也是中式餐厅中不可缺少的，植物可以缓解中式传统家具所带来的沉闷

图6-5 初筵餐厅的盆景造型

感，主要可以采用以下几类绿植：大型绿色植物，如发财树、平安树、幸福树等，这些大型绿植的名字寓意好，另外可以延伸空间，使空间有一种扩大的感觉；盆景，盆景的设置更符合中式餐厅的文化氛围，尤其是以某首古诗为主题的盆景，可以和整个餐厅空间的主题相扣（见图6-5）。

（六）中式餐厅的布艺选择

在中式餐厅陈列的过程中，应选择适合的布艺进行装饰衬托。中式餐厅通过台布、桌布以及窗帘的有效设计，可以为人们营造温馨、舒适的环境效果，使人们获得良好的用餐体验，而且，由于布艺选择种类的多样化，不同布艺材料以及材质的运用会让人们产生不同的感受，展现中式餐厅设计的价值。

（七）中式餐厅的家具配置

传统中式餐厅的设计，有的希望体现富丽堂皇的感觉，有的希望营造一种高雅的氛围。传统中式餐厅的陈设最主要的就是家具，可以根据用餐环境的不同选择不同的家具，传统的家具有架子床、罗汉床、宝座、圈椅、交椅、官帽椅、平头案、翘头案以及其他的柜橱、屏风、台架等，在设计过程中，可以根据主题选择家具，或者将传统的家具与现代的家具结合在一起。

（八）中式餐厅的装饰搭配

在中式主题的餐厅空间设计中，常用的装饰品和配饰物一般有传统的吉祥图案、字画、古玩、工艺品、生活用品以及生产用具。传统的吉祥图案，如岁寒三友、龙凤呈祥等深受中国人喜爱，在古代的装饰中就常常被用到，表达了人们对美好生活的一种向往。中国字画是中式餐厅空间里很好的装饰品，可以提高餐厅的文化品位。古玩、工艺品也是中式餐厅中常见的点缀品，一般来说，屏风运用得较多。屏风不仅具有很强的观赏价值，同时还可以给人们以私密空间，满足了人们对于隐私的需要。另外，玉雕、石雕、木雕等，以及福、禄、寿等瓷器也常常被用到中式餐厅的装饰当中。生活用品和生产用具也常常用于中式餐厅的装饰。

三、新中式餐厅的空间设计

新中式设计风格的发展跟社会的进步有很大的关系，原因是新中式风格具有明显的地域特征。中国是一个多民族的国家，各个民族之间有着不同的民族文化，自然而然会产生设计的差异性。新中式的设计风格体现出与时俱进的特点。新中式的设计不仅体现了中国传统文化的进步，还体现出当代人的审美和生活方式。新中式的设计风格的产生受到了各种不同文化形态的影响。

当下流行的新中式风格很受欢迎。新中式风格是在继承传统元素的基础上的一种创新。新中式的设计风格并不一定代表着该空间里的所有元素均为新中式元素；反之，也并不是所有的新中式元素只能用在新中式风格的空间中。我们可以在一个西式餐厅里放上一幅现代手法的水墨、一组不锈钢的残荷或是一组现代写意的茶壶等，都是对该西式餐厅品位的提升。新中式风格既是对新中式元素的引导，又是对新中式风格餐厅空间韵味的提升和烘托，新中式风格设计可以从造型特色、装饰空间、配色、家具、材料等方面来入手。

（一）新中式餐厅的空间布局

新中式风格讲究空间的层次感和布局的对称。在中国传统文化中，空间的通透性和层次感非常重要。通透性是指传统的中式居室内部多为木构架，空间的阻隔主要由隔扇、罩、架、格、屏风等木构形式来完成。层次感就是依据使用空间私密程度的不同，在需要分隔的空间中采用传统韵味极强的隔断设计来拆分，在需要隔绝视线的地方则使用中式的屏风。

我们在实际的设计中，要运用一个重要的设计方法——"计白当黑"。"计白当黑"的意思是以实托虚，不能认为虚是什么也没有的空无，其实这更具有无形的形象。"计白当黑"在中国画中是一种最常见的渲染和留白相结合的方法。"计白当黑"也是新中式空间设计中一个重要的哲学设计思想。要求在进行空间设计时，要将空间布局和室内陈设一起考虑，将内部虚的、看不见的空间作为纸，而陈设就是笔，在白色的纸上画出美丽的画卷。其实这也是告诉设计师们软装和硬装要同时进行设计。

（二）新中式餐厅的材料选择

新中式风格材料的具体运用应结合实际需要，发挥各个建材的适应性。在适当的地方利用适当的方法，即使是玻璃、金属等现代科技的建材一样也可以展现中式风格浓厚的东方气质和古典元素的神韵（见图6-6）。也可以直接从自然中找到形态

图 6-6　南麓·浙里餐厅中多种材料的运用

比较好的枯枝或石头，来表达浓浓的禅意。随着科技的发展，新中式风格将传统风韵与现代舒适感完美地融合在一起，家具所使用的材质不仅仅局限于实木这一种材质，如玻璃、不锈钢、树脂、金属等也常被使用。现代材料的使用丰富了新中式家具的时代特征，增强了中式家具的艺术表现形式。

（三）新中式餐厅的色彩搭配

传统色彩蕴含着丰厚的文化底蕴和精神意义，它所具有的装饰性、简洁性和象征性等特征符合现代设计语言和现代审美观，适用于新中式风格的审美特征。要使传统色彩成为新中式元素，就必须结合环保的材料及新中式的风格定位。在这些传统的颜色中我们要特别注意的是五行色：玄黑、素白、赤红、明黄、木青。五行色是中国色彩文化的载体，也是中国其他色彩文化发展演化的来源。例如，玄黑为天道之色，素白为本真之色，赤红为吉祥之色，明黄为中和之色，木青为生命之色。玄黑为天道之色：道家认为在视觉上黑色给人以深邃、神秘之感，这正符合道家"道"的深刻哲学蕴意。所以道家选黑色作为"道"的象征色彩，并认为黑色高于其他任何颜色。再比如庄子的无为用素白表示，民俗吉祥色为红色，皇家御用色是黄色，生长和平色用绿色。这些中国传统颜色的象征意义我们都要了解。在新中式设计中，粉色、橙色、绿色、紫色、蓝色等颜色都可以和谐地使用，但要想做出地道中国味的新中式色彩还应以五行色为主辅以其他颜色。

（四）新中式餐厅的家具配置

新中式家具的线条与传统家具相比在构成上更加简练流畅，用现代的材料或工艺使传统家具显得更时尚化（见图 6-7）。传统的中式家具布局讲究对称，新中

图 6-7　宝丽轩的玻璃屏风隔断

式家具的陈设布局则更加灵活随意，用现代手法演绎中式韵味，在对称均衡中寻找变化，现代家具与古典家具相结合使空间不显得沉闷。还有一种使传统家具变为新中式家具的方式就是在原有形式的基础上进行舒适变化。例如，用原先的画案作为餐桌，双人榻用作三人沙发等，这些变化都使得传统家具用途更具多样化。新中式家具要现代感十足，并与自己所处的建筑空间环境在造型、结构、材料上相统一。

（五）新中式餐厅的装饰搭配

新中式装饰的搭配在餐厅设计中起着画龙点睛的作用，对于新中式装饰品的运用一般采用两种方法。一种是直接拿来就用，因为这些元素经过历史长河的淘拣，已经是经典中的经典，如中国的瓷器、中国的山水画、中国的茶具等，这些元素直接放在中式的空间中，就是对品位的一种提升。在采用"新中式"作为整体风格的设计时，也可以进行混搭设计，搭配来自世界各地多种风格的装饰品，但空间的主体装饰物还应是中国传统装饰物。另一种方法就是运用转化、减法、加法等设计方法对传统的中式元素进行提炼与加工。

● 案例学习 ────────

苏州W酒店苏滟中餐厅设计

苏绣，是这座城市的底色之一，设计师将其与温婉的水道、庭园造景相结合，为苏州 W 酒店中餐厅"苏滟"编织出了一针一线的细腻。

属于姑苏的几个标签依次排下来，分别是园林、文人墨客、梨园子弟以及苏绣，这样的顺序，不仅符合大众认知程度的递减，也随着时光逐一向前推进。

请扫描二维码
进行学习

在这里，地域魅力与时尚活力相辅相成，成为一个兼具姑苏魅力与纽约时尚活力的豪华中餐厅。苏滟其中一个电梯口是庭园再现，目光所及之处便是以鲜艳彩色提花面料所勾勒的江南风情，仿佛是在超现实主义的手法下完成了一次对过往经典的传承与弥新。

由绳结巧妙编织而成的花架，经此进入餐厅，是接待处那幅色泽艳丽的大型吉祥结屏风，以新鲜时尚的设计结合传统细节衬托出空间。

酒红色的背景墙构成了这里醒目的所在，为其身后的酒吧带来一丝细腻的江南韵味与 W 酒店特有的浮光闪烁。

天花板则设置了如同万花筒般的镜面，照映着下方的片片声色光影。

透过各种精致又互相呼应的小细节来慢慢带出整个空间的气息，演绎一段穿越时空的姑苏盛世繁华景象。

美并不存在于物体，而在物体与物体之间。就像老旧的事物，通常都带有一种让人感到平静的气质，历经岁月洗礼依然沉实。在现代的作用下，可以穿越时空，然后空气中都飘浮着一丝若有似无的念旧，这便是底蕴的魅力。

走过酒吧转向左侧，一面面如纺丝线轴的天花挂饰点缀了另一个休憩及开放式的用餐区域，不但时尚，也让光线挥洒自如。

沿着餐厅继续深入，是一道通往包厢的走廊，点点光影自各个碎冰花窗透进来，为整个空间创造出点滴细腻的深浅变化。

"苏浙"设有 9 间尊贵私密的贵宾宴会厅，以苏州传统文化为设计概念，力求将姑苏绣品的细腻与色泽呈现于各包房之中。

（资料来源：https://www.sohu.com/a/215983074_711249。）

第二节　西餐厅设计

一、西餐厅的空间设计

西餐是东方国家和地区对西方菜点的统称，"西餐"这个词是由其地理位置所决定的。通常所说的西餐不仅指习惯上所说的欧洲国家和地区的餐饮，还包括北美洲、南美洲、大洋洲等广大区域，因此西餐也代表了一种与东方饮食不同的餐饮文化。本节介绍的是广义范围的西餐厅空间设计。在我国常见的西餐厅有法式餐厅、意大利餐厅、美式餐厅等，以法式餐厅为代表的西餐厅不仅是餐饮的场所，更是社交的场所。淡雅的色彩、柔和的光线、洁白的桌布、华贵的线脚、精致的餐具加上宁静的氛围、高雅的举止等共同构成西式餐厅的特色。在本节后面还将学习到具有代表性的不同风格的西餐厅的空间设计，但也有很多餐厅并没有明确代表哪个国家的风格，主要体现的是一种用餐方式和餐饮文化。

西餐厅的设计风格分为西式传统的设计风格和西式现代的设计风格两种。西式传统的设计风格是模仿古罗马建筑风格、哥特式建筑风格、文艺复兴式建筑风格、巴洛克式建筑风格、洛可可式建筑风格等进行的室内建筑装饰设计风格的形式。西式现代的设计风格是借鉴传统建筑符号和传统的设计元素，运用现代的表现手段创造的艺术形式。它通过简洁、明快、色彩鲜明的现代艺术表现手段，再现古典艺术设计的样式。

（一）西餐厅的空间布局

西餐厅的室内空间是由多个小空间组成的综合空间形态。室内界面处理与设计是西餐厅的重要内容，能够直接影响空间的氛围，它是由各种实体围合和限定的，包括顶棚、地面、墙体和隔断分隔的空间。西餐厅的平面布局常采用较为规整的方式，酒吧和柜台是西餐厅的主要景点和特色之处，也是每一个餐厅必备的设施，更是西方人生活方式的体现。西餐厅一般空间较高，通常在室内采用大型的绿化作为空间的装饰和点缀。西餐中的冷餐台也是重要的组成部分，原则上设置在较为居中的地方，便于餐厅的各个部分取食方便，也有不设冷餐台的，利用服务人员端送服务。西餐厅在就餐时特别强调就餐单元的私密性，这一点在平面布局时应充分体现。可以利用沙发座的后背形成明显的就餐单元，这种"U"形布置的沙发座，常与靠背座椅相结合，又称卡座（见图6-8）。也可以利用光线的明暗程度创造就餐环境的私密性。有时为了营造某种特殊氛围，使用烛光照明点缀，产生向心感，营造私密的氛围。

（二）西餐厅的材料选择

西餐厅室内材料的选择是西餐厅的重要内容，能够直接影响到空间的氛围。在传统的西餐厅内，餐厅的墙面常采用大理石或花岗岩等光洁的材料，但有时搭配壁纸、木材、涂料乃至织物、皮革等较软的材料，形成质感上的对比。此外，为体现西方建筑的文化特色与风格，设计者常将西方古典柱式、拱券及角线等融

图6-8　IL Ristorante 餐厅的皮质靠背座椅

153

入设计之中。顶棚的形式相对灵活，一般为平滑式或跌落式。不做吊顶的西餐厅，可悬挂一些织物、花格或各式各样的装饰物。地面采用石材、木材平铺或满铺地毯，色彩倾向统一和沉稳。

（三）西餐厅的家具配置

西式餐厅的家具主要是餐桌和餐椅。餐桌为2人、4人、6人或8人的方形或矩形台面（一般不用圆形）。家具对西餐厅的风格塑造和氛围营造有着重大影响。西餐厅的家具一般选取欧式家具造型。欧式家具可分为欧式古典家具、新古典主义家具、欧式田园家具和简欧家具。欧式古典家具追求华丽、高雅，设计风格直接受到欧式古典建筑、文学、绘画艺术的影响。欧式古典家具现在主要指巴洛克式家具和洛可可式家具，后期又出现了比较简洁的新古典家具。欧式田园家具更强调欧洲整体独特的文化内涵，将传统手工艺和现代技术结合，注重细节，所产生的纹理图案稳重而细腻。简欧家具与欧式古典家具一脉相承，与新古典主义家具有异曲同工之妙，它摒弃了古典家具的繁复，更注重追求家具的舒适度与实用性。

（四）西餐厅的灯具设计

西餐厅的环境照明要求光线柔和，应避免过强的直射光，设计应安静、典雅，灯光以柔和为美。就餐单元的照明要求可以与就餐单元的私密性结合起来，使就餐单元的照明略强于环境照明。西餐厅大量采用一级或多级二次反射光或有磨砂灯罩的漫射光。顶棚常用古典造型的水晶灯、铸铁灯及现代风格的金属磨砂灯。墙面经常采用欧洲传统的铸铁灯和简洁的半球形上反射壁灯。绿化池常则布置庭院灯或向上反射灯。

（五）西餐厅的装饰搭配

古典雕塑适用于较为传统的装饰风格，而有的西式餐厅装饰风格较为简洁，则宜选现代感较强的雕塑，这类雕塑常采用夸张、变形、抽象的形式，具有强烈的形式美感。雕塑常结合隔断壁龛以及庭院绿化等设置。西餐厅还会挂置一些西洋绘画，包括油画与水彩画等。西餐厅常见工艺品包括瓷器、银器、家具、灯具以及众多的纯装饰品。一些具有代表性的生活用具和传统兵器也是西餐厅经常采用的装饰手段，如水车、飞镖、啤酒桶、舵与绳索等。在西餐厅中，也常采用传统装饰图案，大量采用植物图案，同时也包含一些西方人崇拜的凶猛动物，如狮和鹰等图案，以及一些与西方人生活密切的动物图案，如牛、羊等图案。

二、法式餐厅的空间设计

法国是一个充满自由浪漫主义色彩的国家，在法国餐厅空间中处处都映射出对浪漫的追求，充满浪漫的气息。法国餐厅的空间设计打造，更是将法国人的浪漫情调展现得全面而透彻。

（一）法式餐厅的空间设计

法式餐厅注重餐厅整体的高贵典雅与恢宏气势，在线条方面，常采用突出的轴线体现出餐厅整体的对称性，并配以奢华吊灯搭配，点缀着玫瑰花或者是百合花，充分凸显细节之处的法式韵味。一般法式设计风格都更为看重线条以及制作的工艺，整体上看起来是简单明了的，但是从细节之处却可以看出其用心和精致的地方，这才是法式风格餐厅的精髓。

（二）法式餐厅的家具配置

法式家具在色彩上以素净、单纯与质朴见长，爱浪漫的法国人偏爱明亮色系，以米黄、白色居多。法式风格餐厅在用色上较为喜爱白色和原木色。法式家具带有浓郁的贵族宫廷色彩，精工细作，富含艺术与文化气息。法式家具的风格按时间顺序主要分为四类：巴洛克式、洛可可式、新古典主义和帝政式。巴洛克式宏壮华丽，洛可可式秀丽巧柔，新古典主义精美雅致，帝政式刚健雄伟。洛可可式仍然是法式家具里最具代表的风格，以流畅的线条和唯美的造型著称，受到广泛的认可和推崇。洛可可式家具带有女性的柔美，最明显的特点就是以芭蕾舞动作为原型的椅子腿，可以感受到秀气和高雅，注重体现曲线特色。其靠背、扶手、椅腿大都采用细致、典雅的雕花，椅背的顶梁都有玲珑起伏涡的卷纹，椅腿采用弧弯式并配有兽爪抓球式椅脚，处处展现与众不同。

（三）法式餐厅的色彩搭配

精致浪漫的法式餐厅不喜欢浓烈的色彩，推崇自然的搭配用色。法式餐厅的色彩搭配简洁，餐厅空间会用自然的色彩营造出整个空间现代的特性和流畅感，比如蓝色、绿色、紫色。经常搭配清新自然的象牙白和奶白色，使整个餐厅呈现出素雅清幽的感觉。清新的色彩和绿色植物景观，还有灯光、自然光源一起搭配使用，共同营造出休闲的空间氛围。在不同功能的餐厅采用不同色系协调搭配，如优雅而奢华的法式餐厅搭配使用的装饰色彩包括金、紫、红，夹在素雅的基调中，渲染出柔和、高贵的气质。

（四）法式餐厅的布艺选择

精致的法式餐厅氛围的营造，很重要的一点是布艺的搭配。餐厅中的窗帘、沙发、桌椅等在布艺选择上要注重质感和颜色是否协调，同时也要和墙面色彩以及家具合理搭配。如果布艺选择得当，再配以柔和的灯光，更能衬托出法式餐厅的曼妙氛围。在法国及欧洲其他地方，亚麻与水晶和银器一样，是富裕生活的象征。除亚麻外，木棉印花布、手工纺织的毛呢粗花呢等布艺制品也常见于法式餐厅之中。

（五）法式餐厅的建筑形式

法式餐厅的户外建筑以开放式为主要特色，颜色以白色为主。建筑本身简洁大方，在顶端及尾座附近施以反复雕花，显示其浪漫、唯美的主旨。法国建筑风格和建筑的特点是整体严格掌握，并详细地在雕刻上下功夫。在造型对称的建筑上，一般屋顶上有精致的老虎窗，外观颜色优雅清新。

（六）法式餐厅的装饰搭配

法式餐厅不仅有舒适的氛围，也洋溢着一种法式文化，雕塑、工艺品等是不可缺少的装饰品，可以在墙上悬挂一些具有典型代表的油画，精美的小块壁毯、作旧的金色壁纸也是不错的选择，陶瓷器、小件家具、灯具、古董镜等都可以当作配饰。配饰的设计随意质朴，一般采用自然材质手工制品以及素雅的暖色，强调自然、舒适、环保、温馨的法式特色。各种花卉绿植、瓷器挂盘以及花瓶等与法式家具优雅的轮廓与精美的吊灯相得益彰。

三、英式餐厅的空间设计

（一）英式餐厅的家具配置

早期的英式风格餐厅空间美观优雅，常以饰条及雕刻的桃花心木作为家具材质，整个餐厅空间呈现出沉稳典雅的风格。现在的英式餐厅空间装饰摒弃了复杂的装饰，虽然没有法式家具装饰效果那么突出，但是会在细节上营造出新意，尽量表现出装饰的"新"和"美"，重视细节上的处理一直都是英式餐饮贯彻始终的设计内核。英式餐厅家具更加简洁大方，颜色素雅，白色和木本色是经典的色彩。

（二）英式餐厅的布艺选择

英式餐厅多以手工布面为主，饰品布艺也继承了这种特色风格，特征鲜明。英国人特别喜欢碎花格子等图案，因此窗帘、布垫、壁纸上都会有这些元素。英式风格的布艺设计，可以依据餐厅的风格选择不同颜色、不同质地的布艺产品，布置出不同的餐厅格调，如可将碎花、条纹、苏格兰格子做成各种抱枕，也可用于窗帘、沙发之上。大花、小花，浓的、淡的，活泼而又生动，仿佛一个英国乡村花园盛开在眼前。大量使用清新淡雅的颜色，可使餐厅显得更为浪漫，自然的色彩是这种风格最好的表达，直接传达出一种生活化的气息。

（三）英式餐厅的建筑形式

凸肚窗、角塔、大进深入口与门廊，都是英式餐饮设计中的重点。英式建筑窗子较多，并且多为凸出形式，这也构成了英式餐饮设计的一大特点。英式的餐厅强调门廊的装饰性，讲究门面，英国人不喜欢喧闹，所以稳重、宁静是他们追求的目标。英式风格来自欧洲，因此建筑大部分都会带有浓浓的欧式乡村味道，其底部多数使用砖砌墙，这样的设计会让外墙的上下部分看起来不一样，搭配起来彰显皇家贵族的气息。

（四）英式餐厅的装饰搭配

英国的银器做工精良，烛台、刀叉、碟子，每一个部分都在展现着英国的传统工艺。具有特殊纪念意义的泰迪熊，也是英式餐厅装饰中一道亮丽的风景线。米字旗的时尚演绎出神入化，也成了英式餐饮室内设计的独特风景线与独特标志，看到米字旗便会想到英伦风情，已成为人们认识英伦风的"条件反射"。因为米字旗的独特个性，在朋克当道的 20 世纪 60 年代，米字旗的红、白、蓝三色，成为英国时尚的标志性元素。

四、美式餐厅的空间设计

（一）美式餐厅的家具配置

家具是美式餐厅设计中很重要的组成部分。在美式餐厅中，家具通常比较简约，但对于细节的雕琢却独具匠心，尤其非常注重所用材料的品质和质地，通常选用樱桃木、桃花心木和枫木等比较坚硬的材料来制作家具。这类坚硬的木材能够更好地表现出家具的优美曲线和经典造型。美式餐厅的家具有以下特点。第一，沉稳大气。美式餐厅家具优雅的曲线与简洁的直线相交错，既包含欧式的艳丽高贵，又结合了现代的简洁摩登，将装饰性与功能性合为一体。设计线条比较简练、清晰，呈现出厚重、沉稳的气息。通常使用原木色或白色油漆，在涂饰工艺上多使用清漆涂饰。第二，实用性强。例如，餐桌可以根据使用人数的多少来灵活调整，既能保证日常使用，又能节省空间。第三，历史感突出。美式餐厅家具常常会进行做旧处理，来体现出家具浓厚的历史氛围和文化气息。因此，在美式餐厅设计中，需要合理进行家具的选择和搭配，给消费者一种具有历史感和华丽感的美好用餐环境。

（二）美式餐厅的色彩搭配

古典美式餐厅在色彩上多选用有历史厚重感的深棕色和红木色，来凸显出整个空间的英伦奢华，给人一种典雅细腻的观感；田园美式餐厅则更多使用饱和度不高的浅色系进行搭配，给人以清新自然之感；现代美式餐厅的背景色多使用米色、卡其色和摩卡色等大地色系，主题色以黄蓝两种颜色为主，蓝色调搭配暖黄色调，令人在视觉上产生互补，这两种色彩搭配在一起产生出一种传统与现代的撞击感，在视觉上更具有动感、富有张力，给人带来极为生动的视觉感受。

（三）美式餐厅的布艺选择

布艺是美式餐厅中非常重要的软装元素，天然的质感与美式餐厅能很好地协调。各种繁复的花卉植物、艳丽的异域风情和鲜活的鸟、鱼、虫图案很受欢迎。舒适而随意。传统美式餐厅的窗帘花色多为花朵与故事性图案，注重与空间的和谐搭配。深色的绒布能够凸显古典的格调，丝质的窗帘带有奢华的质感，印花几何纹的纯棉窗帘也比较常见，可带来田园乡村气息。

（四）美式餐厅的灯具配置

美式餐厅的灯具多以暖色调为主，外形简单大方，材料多运用铜材、铁艺和树脂，强调休闲与舒适的感觉，营造出一种古典怀旧的情怀。美式餐厅灯具在搭配时强调与餐厅整体环境相协调呼应，需要考虑餐厅的色系和功能，将光源色与餐厅色相调协统一，营造出和谐温馨的就餐氛围。

（五）美式餐厅的装饰搭配

在美式餐厅空间中，壁炉是不可缺少的元素，往往成为空间的装饰焦点，一般为简洁、朴实的直线性，常见砖砌壁炉与无表面处理的壁炉架相搭配，除了提供取暖的实际功能外，还是传统美式文化的延续。随着时代的进步以及科技的发展，仿真火壁炉出现，仿真火壁炉又称电壁炉，是以电为能源来进行供热取暖，并没有真正的火苗存在，使用时安全系数高，不易发生火灾，且安装要求较低，环保且容易清洁，不需要额外安装排烟管。

美式餐厅中常选用线板作为重要的装饰元素，利用简单利落的线条勾勒出美式餐厅的特色与风情，常用白色作为搭配。装饰线板一般采用平行线框造型，可以很好地在视觉上增大空间，通常以墙裙、墙面装饰以及门窗来呈现，在护墙板中的应用尤为广泛。

（六）美式餐厅的绿植搭配

绿化是美式餐厅空间设计的重要组成部分，将自然界的植物通过人工手段加入餐厅设计中，使之融为一体，可以使整个餐厅灵动活跃起来。室内放置绿植能够给空间带来生机勃勃的感觉，亦能陶冶情操、放松心境，使整个空间氛围更加和谐统一。美式餐厅的绿植搭配讲究自然质朴，在绿植的选用上多使用一些容易打理且四季常青的植物，放置于室内不同空间，令用餐者能够感受到大自然的活力与生机。

五、北欧餐厅的空间设计

北欧独特的地理位置和特殊的人文环境孕育出了北欧独特的设计风格。北欧设计风格主要是指欧洲北部的挪威、瑞典、丹麦、芬兰及冰岛几国的设计风格。北欧的设计风格简约、洗练、纯粹、朴实，重视和强调以人为本，在这样的环境中，北欧餐厅的空间设计也形成了自己独特的风格，并对其他餐厅的设计风格产生了很大的影响。

（一）北欧设计风格的起源

在历史上北欧工艺美术受到的关注较少，从古典时期到中世纪，从文艺复兴到巴洛克、洛可可，再到新古典主义，欧洲工艺美术的中心从地中海到意大利到法国再到英国，北欧地区一直缺乏参与感和存在感。直到19世纪末，北欧设计受到工艺美术运动和新艺术运动在欧洲大陆蓬勃发展的影响，在积极参与和持续实践中，一方面坚持其传统工艺技术，同时又充分汲取当时风格运动和设计思潮中的先进思想，逐渐明确了自身设计发展的方向；在20世纪20年代，让设计为大众服务的主旨已然成为北欧设计的精神信条；1930 年北欧功能主义在斯德哥尔摩博览会大放异彩，标志着其突破了斯堪的纳维亚地区，开始与世界对话；1954~1957 年，以"设计在斯堪的纳维亚"为主题的展览在美国和加拿大巡回展出，使北欧设计真正受到高度关注并被广泛接受，"北欧风格"也由此开始成为一种主流风格延续发展至今。

（二）北欧餐厅的材料选择

北欧国家的林业资源普遍都很发达，因此，北欧餐厅的家具常会选择木质的材料，木材就是北欧风格餐厅空间的灵魂所在了。在北欧风格餐厅空间的陈设物大都是木质产品，很少会有复杂的雕刻和装饰。大多是使用那些尚未加工的木材进行简单的装饰，使得设计出来的陈设物更加贴近自然，并且会充分利用木材自身原本的颜色、纹理、结构，展现出一种十分质朴又自然的感觉，当人们置身于北欧风格的餐厅空间时，能够感受到设计者的用心，并且还间接性地倡导人们增强环境保护的意识。

北欧的家具一直被世界称赞为"人文功能主义的典范"。不同地区有着不同的风格：丹麦崇尚的是"以人为本"，瑞典则突出时尚和典雅的感觉，芬兰十分崇尚与自然和谐统一，挪威的设计给人一种质朴、厚重的感觉，虽然各自有自己的特色，但是总的来说，都非常的崇尚简约主义。此外，在材料的

图 6-9　Peachache 北欧风格餐厅最大限度保留材料原本的质感

选取上主要是木材、石材和玻璃等，仔细观察北欧风格的餐厅空间会发现，其会最大限度地保留材料原本的质感，并且结合现代的工艺和手段，形成一种更加舒适的且充满人情味的设计风格，而且在近些年来的发展中越来越注重环保理念，这也是为什么北欧风格一直如此受欢迎的原因（见图 6-9）。

（三）北欧餐厅的色彩搭配

由于北欧风格非常崇尚简约自然，因此在北欧餐厅的色彩的选择上会简单化，

不会像意式那样华丽又多彩。在北欧风格的餐厅空间中，总能够给人一种十分舒服又放松的视觉感受，这和颜色类型的选择有着很大的关系。一般在餐厅空间中，会使用一些中性的色彩来搭配，比如会使用很多原木色的餐桌和椅子，整个墙面以及地面则多使用一些简单的纯色，其中以白色居多。白色和原木色的完美搭配能够让室内的装修和陈设的简约风格更加突出，给人雅致、简约的感觉。餐厅作为人们用餐、休闲的地方，这种环境氛围可以让用餐者很自然地就放松了下来，更好享受眼前的餐品。同时简约的环境也适合商务氛围，适合在这里进行一些生意上的洽谈。

一些餐厅除了白色和原木色以外，会选择黑白灰这种冷淡风的组合色调，通过强烈的黑色和彩色的视觉对比，让整个空间显得更加理性，充满秩序性和现代感。有的餐厅在色彩的选用和搭配上，强调降低彩度或提高明度的方法，以实现色彩的低饱和协调，给人以清新、活泼、明亮、隽永的体验。

北欧风格餐厅也接纳彩色的不同组合，配色空间较大。彩色北欧风格的餐厅在追求简约的同时注重营造一种温暖舒适的感觉，风格清爽又温馨有爱。达到这种感受的主要方法来自色彩的运用，一是降低彩度、提高灰度，以莫兰迪配色为代表，是高级灰与色彩的优雅结合，使空间极具质感和感染力；如今莫兰迪色系已经广泛应用于餐厅设计中。二是提高明度，以马卡龙配色为代表，如粉红、粉蓝、浅绿、浅黄等，搭配高明度色彩，营造十分清新的空间氛围，让人如沐春风、身心放松。

（四）北欧餐厅的布艺选择

如果餐厅空间中的顶、墙、地都是用较简单的线条和色块设计，而餐厅空间的设计定位是北欧风格，窗帘作为连接餐厅空间顶墙地的软装饰品，就可以发挥其重要作用。窗帘的设计可以丰富餐厅空间的视觉效果，渲染强化北欧设计风格特征，以此达到设计目的。在北欧风格窗帘的选择方面，目前市场上主要有英式和法式两种风格。正确选择窗帘，需结合具体餐饮环境。例如，英式风格比较偏向华美的布艺和纯手工的精致制作。

（五）北欧餐厅的装饰搭配

北欧风格的餐厅空间没有繁杂的造型，配合木材的运用和清爽的色彩搭配，营造独具特色的纯粹感受。例如，整面墙的原木风格饰面板搭配以简洁有力的窄线条装饰，通铺的木地板、窄框的推拉玻璃门和隔断等，质朴而舒适，细腻而温暖。但是，北欧风格餐厅不是单纯的理性和克制，而是在简约之中又极富人文情怀和审美情趣，例如，时下流行的六角砖、充满野趣的鹿角灯、墙面灰彩色乳胶漆的搭配、植物元素的大量运用，包括室内绿植和植物主题装饰画等，都蕴含着浓厚的生活气息和生命力量。

第三节　日式餐厅设计

日本料理即"和食"，以清淡著称，日本料理的特点是以少加工，口味以清淡鲜美为主。按照日本人的观念，新鲜的东西营养最丰富、体内所蕴含的生命力最旺盛，因此任何生物的最佳食用期就是它的新鲜期。和食要求色自然、味道鲜美、形式多样、器精良，烹饪时注重保持材料本身原味，材料和调理法重视季节感。

一、日式餐厅设计的特点

（一）日式餐厅的分类

1. 本膳料理

本膳料理是从室町时代武士家的各种宴席庆典基础上发展起来的。基本程序是四品，但是由于日本人忌讳说"四"的发音，故意把四品分开来说叫"一汤三菜"。本膳料理中一之膳一般放在一个40厘米左右的台子上，摆放在客人的正前面，二之膳则较低一点放在用餐者的右边，三之膳用更低的台子摆放在用餐者的左边。

2. 桌袱料理

桌袱料理中的桌袱指的是铺着桌巾的圆桌，它是日本禅宗的寺院餐食。桌袱料理也被称为"长崎料理"。一般的日本料理多坐方桌，并按照人数将菜品分装在小餐盘中，食客夹食自己餐盘中的食物。但是桌袱料理则打破了这一传统，食客围着圆桌，坐着椅子，在大盘子里夹食食物。

3. 会席料理

会席料理最初是文人吟诗聚会的一种宴席形式。最初宴席主要突出主题，而今已经演变成一种比较随意、吃法自由的宴席形式。同时，会席料理几乎都是以劝客人喝酒为目的的。

4. 怀石料理

相传日本僧侣在修行的时候，必须严守戒律，只能食用早餐和午餐，下午不可以吃饭，为了抵挡饥饿与寒冷，僧侣们将蛇纹石或者轻石用火加热，包在布中，揣在怀里以此来暖胃止饿，后来就发展到少吃一点，以达到温腹暖胃的作用。怀石料理又被称作"京怀石料理"，如今已经成为高级日本料理的代名词，它是煎茶之前的膳食，无论是材料、餐具、礼仪、做法，都比一般的日本料理要精致、讲究得多。怀石料理最大的特色是配合季节变化，依据每月拟定的文化性的主题变化菜单，如松、竹、樱、桃、菖蒲等，一年就有 12 个主题。同时，怀石料理非常讲究食器、座席及环境的审美。在日本的传统料理中，人们认为品尝怀石料理可以获得心灵的超脱。怀石料理还有一个特征就是精致而量少，一餐平均每人三四十个碗碟，但仍旧还是吃不饱的。

5. 精进料理

精进料理同怀石料理一样，都与茶道有关并发源于佛教，不同的是精进料理的食材中没有鱼贝和肉类。只用豆制品、蔬菜和海苔等食材制作。而"精进"也出自日本佛教语，意为潜心修行、洁净一身。所以精进料理是名副其实的斋饭素食。在日本，除了一些精进料理餐厅外，更多人愿意去寺院品尝地道的斋菜。

6. 其他料理

除了上述几种料理，日本各地的风味也有所不同，主要包括关东、关西两大菜系，而关西料理的影响及历史都比关东料理更加深远。在世界各地的小吃逐渐被新型的商业饮食所取代的时代，日本的小吃行业却紧跟时代的步伐，继续传承发展。

（二）日式餐厅设计的特点

1. 注重食器设计

日本料理对食器极其讲究，他们把器具看作饮食的一部分。与中国古代贵族好用金银珠宝，追求色彩绚丽相比，日本人的食器多选用材质细腻的瓷器、纹路清晰的木器或是材质古拙的陶器。即便是在现今的高级料理店，也依然选用简素的白木筷。在色彩上，日本食器色彩多为土黑、土黄、黄绿、石青色，偶尔也会配合季节的因素选用亮黄色或亮红色。对于食器的形状，也会依据季节菜品的不同进行选用。常见的有瓦片状、蔬果状、六角形、菱形等。另外，对饮食环境的考究也反映了日本人在饮食文化的美学追求。特别是禅宗表达的另外一种艺术形式，它讲究的是环境的和、敬、寂、清，注重庭院氛围的营造以及茶室环境的素朴幽静。无论店铺规模如何，都仍旧保持着洁净整齐的店铺环境（见图6-10）。

图6-10　日本器皿的四季性

2.餐厅设计受审美文化影响

由于日本文化很多是从中国文化中发展而来的，因此分析日本文化可以发现，很多都是与中国古典文化重合的。一方面是日本的间隔美学：与中国山水画中强调的审美一致，间隔美学也讲究空间的留白、不对称。另一方面是阴阳美学：在日式餐厅建筑中体现的阴阳美学可以概括为虚实相应，如屏风、隔扇、帘、白色纸窗等，刚柔并济。在日本，传统的容器基本都是反映阳性美学的箱型结构，一般会在这些容器的外表选取一些比较柔美的图案，以此来呈现一种高雅、阴柔的美学意象。

二、日式餐厅的空间设计

日式餐厅专门经营"日式料理"，日式餐厅风格受中式风影响但也有着自己的特点，往往造型简洁明快，追求朴素、安静、舒适的空间氛围，强调自然色彩的沉静和造型线条的简洁。日式主题餐厅既要在经营项目上追求日式料理的原汁原味，平面布局和空间装饰风格又讲求古典美学的"意境"，满足"言有尽而意无穷"的主体审美需求。

（一）日式餐厅的空间布局

日式餐厅空间布局的关键则是特定的空间组织要素：袄、幛子、帘、榻榻米。日本由于特殊的地理位置，所以为了抵抗夏日高温、潮湿的环境，其实内建筑很少采用实墙。袄是和风餐厅的重要组成部分，它可以竖向放置或是横向放置，很方便装置或者拆下；当装在和风餐厅的包厢里时，起了一定的遮挡和划分空间的功能；在上面可以进行绘画装饰，这对日式餐厅空间起了装饰作用。幛子是分割室内空间与室外环境的构筑物，幛子具有的吸湿效果，透光功能和它独特的造型让它同时具有实用性和装饰性。帘是以往日本的深院长廊在窗户外面悬挂的，国内帘一般挂在窗户内，具有遮挡强光和通风的功能。榻榻米是日本传统的室内配置，它有着很好的隔音功能，一般用在日式餐厅的包厢内，调节空气湿度、保温散热、美化空间、宜人身心。日式的袄、幛子、帘、榻榻米可以根据实际需要，创造出比较开阔流通的室内空间，既能够为顾客提供充足的私密空间，也不会使得整个空间显得十分狭小。

（二）日式餐厅空间的材料选择

日本由于自身资源比较匮乏，所以对于资源的利用也多是采用一些比较容易获取和再生的材料，如木材、竹子以及其他一些生态环保的天然材料。所以在日式餐厅的整体装修风格和装修材料的选择上，都要以环保、天然的材料为主。就像其饮食文化一样，日式装修偏爱保留材料本身的纹理，而少用一些油漆、金、银等材料加以粉饰，这样反而失去了日本文化的真谛。

（三）日式餐厅的色彩搭配

在日式餐厅空间整体的颜色选择上，也要注重日本文化的体现。日本文化认为，鲜艳的色彩代表着不洁净，而且在以前，他们只认定"白、黑、青、赤"四种颜色，并以白色最为尊贵纯洁。黑色使用得也比较普遍，它被认为代表神秘和庄重。另一个比较受日本人喜爱的颜色是青色，观察日式餐厅可以发现，无论是在装饰物的选择还是各种布制装饰材料中，使用最多的就是青色。在日本，青色被认为是暖色调，象征着"和"色，代表着柔美、清澄之感。所以，在餐厅的整体色调上，也要与这四种色调相匹配。当然，随着社会的发展，以及餐厅所处区域的不同，适当加入别的颜色，只要不与整体太违和，都是可以接受的（见图6-11）。

图6-11 日本餐厅的色彩风格

图6-12　日本传统灯具

（四）日式餐厅的灯具搭配

日式的照明设备其实与中国的一样，都非常具有民族文化特色，所以对于餐厅灯具的选择可以以传统风格为主。另外，考虑到餐厅这一特殊环境，在灯光的选择上，应以柔和的自然光为主，不仅是考虑到舒适的就餐环境，也是与餐厅整体的风格相一致（见图6-12）。

（五）日式餐厅的家具配置

传统的日本家具都是直线型的，主要是为了节省室内空间，而这与餐厅本身的文化是比较符合的。日式餐厅在室内家具的选择上，可以选择传统的日式风格，但是可以做出适当改变。日式餐厅座位设计常见的有柜台席、座席、和式席（榻榻米席）三种。柜台席多与吧台、开敞式厨房结合，既节省了送餐路线，也使得顾客感觉与店家更加亲切、融洽，主要满足零散客人的使用需要。和式席即榻榻米席，榻榻米是一种用草编织的有一定厚度的垫子，标准尺寸为90厘米×180厘米。在历史发展的过程中榻榻米逐渐成为日式空间的一个重要特征。在日式餐厅中因铺设不同和隔断位置不同，榻榻米的称谓也有所不同，可分为条列式榻榻米座席、榻榻米雅间、榻榻米"广间"和下沉式榻榻米席。榻榻米一般都是采取跪坐的方式，这样对于就餐的顾客来说，就很不方便，因此可选择一些直线风格，但是高一点的餐桌。

（六）日式餐厅的装饰搭配

日式餐厅的温馨氛围很大程度上也依赖于室内的装饰品搭配营造出的日式情调。布艺榻榻米坐垫；木质方形和灯，灯笼、半帘；浮世绘壁画，日式风格挂画；樱花树盆栽，禅宗枯山水；艺伎人偶、洒金漆器、七宝烧；日本刀、团扇等。这些装饰品的搭配共同营造出一种和风式典雅静朴、安宁雅致的气氛，配合上室内的微醺黄光，给人温暖恬静之感。

第四节　咖啡厅设计

　　随着人们生活水平的提高，咖啡厅已经成为人们生活中不可缺少的一部分。咖啡馆有多种用途，在咖啡厅除了品尝咖啡外，还可以放松心情，是人们联系和交流，或者是独自消磨时光的好地方。人们会选择在精心设计的空间里品味香醇咖啡。咖啡厅的设计风格很多，但是好的咖啡厅设计干净、开放、明亮和井然有序。这些空间可以在视觉上吸引人并使人愉悦，这些空间应该有个令人愉悦的氛围，鼓励客人体验和探索；这些空间也应该比例协调，一切都应该根据人体尺寸组合在一起；空间的设计更应该从视觉上流动起来，水平线低并整洁有序。好的咖啡厅设计也应该和周边的环境和地理条件相融合。

一、咖啡厅的类型

（一）连锁咖啡店

　　连锁咖啡店已具备一定品牌知名度，并建构了完整的品牌形象系统、经营流程和设计风格，知名品牌包括：星巴克、85℃、韩国 Zoo Coffee 等。除了品牌自立店家，有些公司也开放加盟店，创业成本较高。

　　连锁店咖啡依照品牌的不同，每间咖啡店的选址策略也会有差别，一般会从交通、人流量、当地消费形态等方面进行综合考虑。店铺选址多在人流量较大的路口或是商业街主要道路的显要位置，在街巷中比较少。

（二）外带型咖啡店

　　外带型咖啡店一般会搭配销售自己烘焙的咖啡豆，大部分以上班族为目标顾客，外带型咖啡店空间比较小，店内设计比较简单，一般设有吧台工作区和等候区，有的外带型咖啡店不设座位区，或只设置少量等候席。

　　外带型咖啡店一般开在商务楼附近，距离目标顾客三个街区内比较合适，店址可选在街口或者是街巷内。

（三）专业型咖啡厅

专业型咖啡厅产品内容简单纯粹，店内有专业的咖啡师，相对于其他类型的咖啡厅，更注重精选单品咖啡豆，注重冲泡技术和拉花技法等，有时候也会开设咖啡培训，同时会售卖咖啡店自己烘焙的咖啡豆。专业咖啡厅考虑到成本预算等因素，店址一般选在非主要道路或者是街巷内，交通要比较便利，有人流量，街区气质符合咖啡店本身的空间设计，常开设在学校附近、住商混合型社区或者是商圈内。

（四）餐饮型咖啡厅

餐饮型咖啡厅结合了餐饮和咖啡两种形态，餐饮产品内容丰富，此类型餐厅的咖啡不是唯一主打的诉求，大部分会使用比较简单的美式或意式咖啡机来进行制作。餐饮型咖啡厅的选址要求交通方便、有人流量、街区气质符合店铺的形态，空间上也要有一定的要求，体量不能太小，以满足多种经营内容的空间需要。

（五）复合式咖啡厅

复合式咖啡厅是结合了书店、服饰、家具、杂货、植物等主题的复合型经营模式，为咖啡厅的经营注入不同的思维，是现在很受欢迎的形态。复合式咖啡厅的选址要求交通方便、有人流量、街区气质符合店铺的形态；同时，对应不同经营主题的咖啡厅，空间的设计也有所也不同。

二、咖啡厅空间设计的风格

以风格为主题的咖啡厅越来越受到大众的青睐，如古典风、乡村风、蒸汽朋克风等，随着社会与设计的发展，也会出现越来越多的风格类型。咖啡厅的设计一定要深入了解某种风格的内涵与文化，不能只做到表面模仿，避免营造出生硬而怪异的氛围。

（一）复古工业风

复古工业风格以工业风格为主题，围绕工业风元素展开，呈现独特风格内涵与文化。这种风格体现高贵、粗犷、神秘、幽冷的环境氛围，适合追求潮流的年轻人（见图 6-13）。

图 6-13 三顿半 into_the force 原力飞行店是简约的工业风格

（二）自然简约北欧风

自然简约北欧风以推崇自然的北欧风格为主题，在貌似不经意的搭配之下，一切又如浑然天成般光彩夺目，展现出一种朴素、清新的原始之美。此风格适合崇尚自然、简约之美，追求慢生活的人群（见图 6-14）。

图 6-14　Gentle Maker 自然简约北欧风格的咖啡店

（三）大众时尚休闲风格

大众时尚休闲风格咖啡馆具有大众性和普及型，其定位较为宽广，消费群体主

图 6-15　大众时尚休闲风格的 Something 餐厅

要为大众时尚人群，同时也非常适合亲朋好友在此聚会，消费者在此除了可以享受到香浓四溢是咖啡外，还能品尝到美味的套餐。大众时尚风格类型很大程度上已经并非单纯的咖啡店了，所以在进行店室内设计的时候以亲切随和为主，走大众化的路线，室内的色调也可以设置得比较随意，或跳跃、或柔和，另外也能在店内多摆放一些风景画或是人物肖像，植物盆栽也是必不可少的装饰品（见图 6-15）。

（四）人文艺术休闲风格

这类咖啡店一般都以个人自创品牌为主，很少有连锁店。在这类咖啡店里享受到的是一种平静的心态、淳朴而怀旧的情愫，除了品味咖啡之外，可以听听音乐、看书，甚至可以看电影。人文休闲咖啡店，顾名思义是较为注重文化内涵和修养的，除了经营咖啡店所必备的资金实力以及丰富的咖啡相关知识之外，其经营者也通常具有较高的品位和涵养，对于人文艺术方面具有深刻的认识和领悟，能够充分而又准确地把握人文艺术风格类型咖啡店的脉搏，领会其中所蕴含的意义。此类咖啡店的目标消费群也都大多属于高端群体，落于俗套的装修风格是无法吸引此类消费群体的，可选用木质材料来营造质朴优雅的餐饮氛围，在灯光设计上多以暖色调来创造和谐舒适的感觉（见图 6-16）。

图 6-16　摄影主题咖啡厅

三、咖啡厅的空间设计

（一）咖啡厅的空间布局

咖啡厅的座席在平面布局上可根据需要有各式各样布置方式，但也要遵循一定的规律，需要考虑好秩序感和边界感，前者主要考虑的是条理性，而后者更多的是结合人的行为心理需求。

吧台及后厨是咖啡厅空间设计的核心内容，其承载着重要的顾客招待任务。吧台位置要选在顾客视野范围内的显眼位置，这样既方便了顾客点餐，也可以提升服务生对顾客招待的便捷度。吧台在设计时高度不宜过高，太高的吧台不利于拉近顾客与咖啡师的距离，适当的吧台高度还可以满足顾客对咖啡制作流程的好奇心，兼顾到了顾客的消费体验（见图6-17）。咖啡厅营业区的划分一般包括散座区域和独立包间区域。散座区域是供顾客喝咖啡聊天的区域，位置靠窗，方便顾客欣赏窗外景色，放松身心，提高消费体验。独立包间区域是为方便顾客私密交谈设计的，可以满足商业会谈和单独读书学习的需求。因为一些顾客停留时间较长，如果空间位置允许，洗手间是必备的，否则会降低顾客的体验需求。

图 6-17　LB 咖啡店吧台

（二）咖啡厅的材料选择

咖啡厅的地面材料可多选择各类瓷砖和木地板材质，这些材料相对都比较耐磨、耐脏，更易于打理。选择瓷砖和木地板还有一个优势，就是市场上可供选择的样式比较多，能够适应咖啡厅装修的不同风格，价格上也有更多的选择。石材类材质也是一个不错的选择，能够凸显出一种高贵典雅的气质。咖啡厅的地面材料一般不建议选用地毯，因为它既不耐脏又不容易清理，平时人来人往非常容易吸附灰尘，很容易滋生各种细菌，对整个环境都有很大的健康影响。咖啡厅的内墙材料一般多选用乳胶漆，色调选择暖色系，如淡黄色或者米白色，为了凸显咖啡厅的整体风格特色，一般会做出一个极具店铺特色的墙面作为整个空间的点睛之笔。这面亮点之墙一般都会被重点设计，可以采用一些特殊的材料来进行处理，或突出纹理性的肌理墙漆，或独具特色的墙布和墙纸，通过不同款式的选择，可以营造不同格调的氛围，更易表达出设计的主旨（见图6-18）。

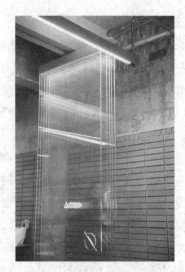

图 6-18　三顿半 into_the force 原力飞行店的瓷砖墙面与玻璃折叠门

（三）咖啡厅的色彩搭配

色彩是咖啡厅设计中最为活泼的因素，可以利用人们对色彩的视觉感触来营造富于特性、秩序与情调的环境。色彩的选择要根据咖啡厅的风格特点来进行搭配，要综合考虑到消费的人群、年龄、口味等问题，充分了解目标顾客的需求。例如，年轻女性往往对流行色反应敏锐，成熟男士则更热衷宁和的蓝色、白色或者端庄的深色调，儿童则对红色、橘黄、绿色等鲜艳色反应强烈。

在咖啡厅设计中，需要解决色彩之间的相互关系，色彩的运用不是单一的，空间色彩可以划分成许多层次，色彩关系也会随着层次的增加而复杂。不同层次之间的色彩关系可以考虑为背景色、重点色和点缀色。背景色是大面积使用的色彩，而重点色和点缀色面积相对较小，但通常在明度和彩度上要高于背景色。色彩搭配可以选用相似或对比的方式，通过色彩的重复、呼应、联系等手法增强韵律感和丰富感，达到空间色彩多样统一又不失变化的和谐整体感。例如，运用与周围环境形成对比的色彩，或温馨柔和的颜色，激发顾客的好奇心，让他们流连忘返；或者在颜色暗淡的背景中配以明快的色调，让陈列架上的咖啡饮品更加突出；又或者在中性色调的背景下摆放冷色或暖色的饮品，起到突出的效果。

咖啡杯的色彩也会影响顾客的心情及视觉空间的大小，因此在选用咖啡杯时应将色彩作为主要的考量因素。首先咖啡多呈现琥珀色，为了能够突出这种特色，最好选用内部为白色的咖啡杯。如果在咖啡杯内部涂上各种颜色或者复杂的花纹，则会影响咖啡本身的美感和口感。另外，素色的桌布可以配颜色丰富的咖啡厅，但主色最好为桌布同色系或者互补色系。如果室内背景色格外突出，那么咖啡包装本身的颜色和图案就要相对低调，以免给人眼花缭乱的感觉。反之，如背景色调简约、单一那么咖啡包装则可采用绚丽多样的色彩，起到强调作用。

● 案例学习

风靡全球的精品咖啡% Arabica，它的设计究竟厉害在哪里？

请扫描二维码
进行学习

%Arabica 在设计风格上一脉相承，以白色为主基调，给人一种安静纯粹的感觉。它的每家门店都不大，却有着与环境融为一体的开放感和透明度，仿佛有无限可能性等待填充。朴素的材料构成简洁的空间，但真正的迷人之处却藏在细节里。

它在京都的第一家店位于东山，以"小巷中的 showcase"为概念，由民宅改造而成。这家店也让它"一战成名"。墙上的地图代表着 % Arabica 的座右铭："see the world, through coffee"——借由咖啡来认识这个世界。

第二家爆红的店位于京都岚山，在建筑上借鉴了日本传统建筑中特有的屋檐和高床元素，古朴中延续着轻盈的现代感。整体空间不大，却装下了整个岚山的绝美风景，也被称为"最美的店"。

位于京都大丸百货里的"游击店"，用轻盈的金属框架在商场的喧嚣场景中分隔出了一个长廊般的小世界。%Arabica 的每一家店都是小而精，让人在一大波拥挤的店铺中一眼就能感受到它的美。

与店名 % Arabica 一致，店内全部使用 Arabica 咖啡豆，并且不同于其他连锁店琳琅满目的产品，这里只售卖咖啡豆和四款现冲咖啡。它的每一家门店使用的都是 Slayer 咖啡机，店内的机器上都印有 % Arabica 的独家标志，也证明了 %Arabica 的实力。

相对于大多数咖啡品牌，%Arabica 显然是高冷又小众的，但却不影响消费者对它的喜爱。而它也在看似高冷的外表下，不断凸显自身年轻独特的气质，通过这种隽永的舒适感和专业性吸引一波又一波的咖啡爱好者。

（资料来源：https://www.sohu.com/a/224087067_614738。）

（四）咖啡厅的照明设计

图6-19　雅集咖啡厅白天使用自然照明

咖啡厅追求的是一种轻松、优雅、安静的空间氛围，因此，咖啡厅的灯光设计要恰到好处。咖啡厅空间在照明设计中对整体空间的照度要求不高，但要让工作人员及客人能够正常活动。局部照明很重要，局部照明中以桌面照明为主。主桌上可以装饰一些带灯罩的灯光，或者用一些模拟蜡烛光照效果的小灯光，营造出静谧、朦胧的气氛，使环境更具遐想空间。如果需要设计私密性更强的空间时，应把光源安装在较低的位置，避免从顶部投射。充分利用光影效果是咖啡厅灯光设计的另一个特点，可以摆放一些有孔的装饰品，在里面打上灯光，产生若隐若现、虚实变化的视觉效果，丰富空间的立体感和层次感。咖啡厅在灯光布局中不建议使用射灯，尽量全用隐光，白天尽量采用自然光，可以使用一半透明的窗帘营造出朦胧的浪漫效果（见图6-19）。

咖啡制品以褐色为主，深色的或暗色的咖啡都会吸收较多的光，所以可以选用较柔和的日光灯照射，这样整个咖啡馆的气氛就会舒适起来。为使饮料及食品的颜色逼真，选用光源要求有一定的显色性，所以白炽灯在运用上多于荧光灯。咖啡厅的灯具除了照明还具有装饰的作用，可以根据经营对象和风格选择不同的灯具。

（五）咖啡厅的植物配置

咖啡厅的植物配置以绿色植物为主，不仅具有观赏的功能，并且还可以通过对人体视觉神经、嗅觉神经的刺激，来改善人们对于现实生存环境的感观，达到放松身心和缓解压力的目的，有利于消费者的身体健康，而且可以优化咖啡厅的氛围，增加整个室

图6-20　雅集咖啡厅户外庭院的植物布置

内设计的欣赏性。咖啡厅的植物
配置要结合咖啡厅所在的地理位
置进行选择，同时兼顾植物生长
所具备的特点，在结合当地生态
环境的同时，尽可能选择四季常
绿的品种，这样在冬季也可以保
证咖啡厅内充满生机。还要考虑
不同种类植物间的搭配，丰富咖
啡厅中的花卉、观赏盆栽的品种。
在选择绿植时，也要避免飞絮的
问题（见图6-20）。

图 6-21　Something 餐厅顶部的植物布置

在咖啡厅植物配置的布局上，可以分为点式、线式和面式三种类型。点式类型的布局可以集中也可以独立放置于咖啡厅重要的位置上，比如迎宾位置，所用植物的体形和色彩都具有非常高的欣赏价值，能够提升咖啡厅的品位。线式类型的布局一般呈现出直线或者曲线排列，能够起到一个引导的作用，对空间的划分也有一定作用，在植物的选择上多选用同一种植物或是同一体量的，营造出一种整体感。面式类型的布局多是集中布置，表现出一种体量感，多用于空间较大的咖啡厅，小型的格调咖啡厅不建议选用此种类型（见图6-21）。

（六）咖啡厅的装饰搭配

咖啡厅整个环境的艺术氛围和饰品营造，属于咖啡厅装饰中非常重要的一个环节，是突出咖啡厅艺术化和个性化主要表现手段。对咖啡厅的装饰风格和品质起决定作用的是饰品的选择和布置，整个空间饰品的合理选择和搭配，能够满足不同人群的心理需求，是凸显整个咖啡厅艺术氛围的关键之处。装饰品搭配可以起到烘托氛围的作用，成为整体空间的一个亮点。装饰品搭配可以利用那些易换、易变动位置的装饰物与家具，如窗帘、装饰画、靠垫、工艺台布、仿真花及装饰工艺地毯、工艺摆件等对室内进行陈设与布置。这些家具饰品通常是营造氛围的点睛之笔，打破了传统装饰行业的限制，将工艺品、纺织品、收藏品、灯具、花艺、植物等进行组合，形成了新的理念，进行一种多姿多彩的展示。

墙面装饰是整个装饰的核心重点，装饰的风格也是各式各样，有中国山水书画、古典西洋画、现代工艺装饰画、独具风格的摄影作品和壁挂等类型。可以依照整个咖啡厅的风格特色，选择合适的装饰品，起到画龙点睛的作用（见图6-22）。

例如，咖啡厅的风格如果是要体现出古典高雅，那么西洋画就是很好的选择；如果是一种现代极简主义风格的咖啡厅，那么后现代主义的工艺画绝对是最佳绝配。

图 6-22　集雅咖啡厅的宋代风格装饰元素

第五节　茶饮空间设计

茶文化在我国有源远流长的历史，随着人们生活习惯的发展，出现了喝茶的茶馆、茶室，这些空间在我国茶文化的发展中具有重要影响。不但体现在茶馆、茶室的外观，更展现在茶室内部环境独具匠心的空间艺术上。茶馆的艺术氛围与气息、舒适的环境，能有效地满足大家对自身精神世界的追求。因为不同时期与不同审美特性，茶馆的艺术设计也有所不同。

随着社会的不断发展，年轻人的社交方式不断转变，与传统茶馆、茶室风格完全不同的茶吧发展迅速，年轻人"打卡"式消费并乐于在社交网站分享的潮流使一些茶吧也成了新的消费目的地。

一、传统茶馆空间设计

（一）传统茶馆的风格特征

茶馆的设计风格常为中式风格，布局常见为园林式自然布局，在不同的地域，茶馆的设计也反映了当地的特色文化，如江浙一带的吴越文化、川渝一带的巴蜀文化、两广的岭南文化、山东的齐鲁文化等。常见的茶艺馆风格有以下几种。

1. 仿古式

仿古式茶艺馆在装修、装饰、布局及人物服饰、语言、动作、茶艺表演等方面都应以传统为蓝本，在总体上展示古典文化的面貌。

2. 室内庭院式

室内庭院式茶艺馆以江南园林建筑为蓝本，结合茶艺及品茗环境等要求设有亭台楼阁、曲径花丛、拱门回廊、小桥流水等。

3. 现代式

现代式茶馆的风格比较多样化，往往根据经营者的志趣、爱好并结合房屋的结构依势而建，各具特色。

4. 民俗式

民俗式茶馆强调民俗、乡土特色，以特定民族的风俗习惯、茶叶、茶具、茶艺或乡村田园风格为主线，形成相应的特点。

5. 戏曲茶艺馆

戏曲茶艺馆是一种以品茗为引子，以戏曲欣赏或自娱自乐为主体的文化娱乐场所。

（二）传统茶馆的空间布局

茶馆平面布局可以借鉴中国传统民居建筑的布局和造园手法，空间设计要与其总体设计风格相匹配。在空间布置上可通过虚的手法遮挡视线，似隔非隔，隔中有透，实中有虚。例如，利用漏窗、隔扇、屏风、纱幔、珠帘等形成隔而不断的视觉效果；也可利用通道的回绕曲折相通，分隔空间。茶馆在空间组合和分隔上一般具有中国园林的特色，曲径通幽可以避免一目了然。这种园林式的布局给人以室内空间室外化的感觉，犹如置身于花园之中，使人心情舒畅。

茶馆通常由大厅和小室构成，大厅可设表演台，根据房屋结构可设散座、厅座及包厢。散座区设在宽敞的空间，依据空间大小放置比例适宜的桌椅，每一桌有4~6张椅子。桌与桌之间的距离应合理，以方便顾客出入。如果茶馆的房屋并没有一个特别开阔的空间，是比较狭长或者曲折的空间，可以因地制宜设计散台的摆放。

（三）传统茶馆的材料选择

茶馆在内部装修中可利用以土制胜、别具匠心的方法，多运用最原始的原料，在装修风格上凸显古朴、舒适、典雅及富有我国民族特色的主要装修机制。通过一系列的布置与装修，形成了现今茶馆的独到特色。例如，墙上悬挂的名人书画艺术品、竹刻迎客对联，给人以典雅的艺术享受；本色木吊顶、本色木窗格、本色大桌椅给人以亲切朴素之感；玻璃柜中质地各异、精致玲珑的茶具，博古架上独具特色的工艺品，让人爱不释手、流连忘返。

（四）传统茶室的细部设计

为了满足客人对私密性的要求，可放置竹帘、纱幔或屏风，形成一个小的围隔。如果散座区域空间宽阔，除了放置桌椅，还可以考虑小而精致的景观布置。小桥流水、曲水流觞、大树游鱼，于方寸之间展示自然风光。包厢区相对于散座区更为讲求整体风格，茶馆包厢常见有中式风格、休闲风格、日式风格和综合风格。中式传统风格的茶室可配置精雕细刻的古典家具、雕花门窗，古典丝绸甚至刺绣的靠垫、枕头，具有传统民族特色的烛台、灯笼，营造一种传统餐厅空间设计的饮茶氛围。休闲风格的茶室强调空间内休闲舒适，陈设则以柔软闲适为主。日式风格的茶室体现着一种古朴自然、简洁明快之感，代表着"茶禅一味"的精神内涵，推拉门、榻榻米为典型的日本装修风格。

（五）传统茶馆的陈列设计

传统茶馆的陈列设计主要为绿色植物、插花雕刻品、雕塑品、金银器、古铜器、瓷器、陶器、玉器等收藏品，或者剪纸、泥人、脸谱、织绣等地方民俗品、工艺品，琴棋书画等都可以作为选择，这些陈列装饰可以让茶馆内部氛围及环境更加典雅；书法、绘画等艺术品会更加突出茶馆文化的底蕴。此类艺术品的摆设看似很随意，但它们和茶馆环境完美融合，浑然一体，假如仔细推敲，便可体会到它们的神奇妙处，也可体会到它们给茶馆带来的变化。

自然风格的茶楼，为了营造田园气息，就可选用蓑衣、渔具、粗大的磨盘、南瓜、葫芦等作为饰品；而具有民族地域性的茶楼，就可以按当地风俗选择装饰品及陈设品。常见的装饰品有江南情调的木雕花窗、蓝印花布，老北京风味的鸟笼、红灯笼，巴蜀特色的竹椅，少数民族的毛毡、竹篓，字画、传统图案壁纸等，都能让人兴趣盎然。陈列设计对茶馆氛围有着重要的影响，仿古式茶馆的庄重和优雅、园林式茶艺会所的清新自然、庭院式茶馆的幽静深邃、现代式茶馆的新颖多变、民俗式茶馆的本土气息、戏曲茶馆的轻松愉悦，都可以由不同的陈设布置成不同的风格。

二、现代茶饮空间设计

（一）现代中式茶吧

现代中式茶吧一改传统中式茶吧的厚重感，多采用隐喻、象征的手法，化繁为简，强调事物的单纯性与抽象性，并以直线和块面的排列、组合为构造技法，营造清新、简约、自然的空间氛围。

现代中式茶吧将中式茶元素与传统符号以现代的手法与材料表现出来。此类茶吧的装饰材料强调素材的自然肌理，钟爱水泥素面、实木质地、钢铁材料及各种复合板材的应用。简约自然的设计风格，主题鲜明，强化了茶吧的品牌效应。在因味茶（上海梅龙镇广场店）中，设计师在空间中大量运用简洁的流线设计，其源于水滴入茶水面所泛起的涟漪；天花板圆顶造型是受传统建筑中天井的启发，意在营造惬意轻松的院落氛围；洁净的白色与自然的原木色占据整个空间，强调原生、健康、自然的品牌概念，让顾客更轻松自在地体验茶道美学。此类茶吧选址偏向写字楼和商圈，瞄准年轻的职场人群，主张追求健康、自然的生活理念。与传统中式茶饮注重茶文化以及冲泡技术相比，新中式茶饮更注重口感和感官体验，其产品由纯原叶茶茶底衍生而来，并加大了对新品研发的投入。在因味茶的店铺中，装着茶叶的玻璃茶桶被摆放在吧台上，像展示咖啡豆一样展示了其原产地；店铺中还放置了模拟手冲咖啡的器具，它可以控制水的温度、降温曲线、冲泡时间以及水量。

现代中式茶吧的经营管理者大多拥有成熟的商业运营经验，对市场、商业、格局有着敏锐的判断。他们希望通过品牌的革新，打造以茶为载体的消费场景，改变消费者对传统茶饮陈旧的认知，与消费者做更深度的联结。

● 案例学习

inWe因味茶梅龙镇广场旗舰店

inWe 主供绿茶、白茶、青茶、红茶、黑茶等各种中式纯茶，以茶引领东方生活方式，向世界展现时尚东方。同时，同步售卖国内外优质茶叶及丰富的茶周边产品，一站式打造年轻人的时尚茶生活。其实一切都是因为茶，茶是这家店的灵魂；而茶属木，可以说，这家店遇木则润。木居东，有曲直之性，纳水土之气，以

请扫描二维码
进行学习

条纹为形，色彩上以绿色和原木色为代表。所以，你会看到全店都是纯粹的白色与原木色，条纹元素贯穿整场。

对于大多数年轻人来说，充满仪式感的程序、相对复杂的冲泡手法，以及老化的体验空间，都可能是阻隔他们爱上茶文化的元素。茶与烦琐、严肃、传统的象征紧紧捆绑在一起，然而事实上它并非必然如此。DPD香港递加设计接受了新式茶饮品牌因味茶在上海梅龙镇旗舰店的设计委托，试图通过当代的设计手法来重新演绎古老的中式茶道文化，冲击年轻人对茶文化的传统认知，创造出自然的、引人驻足的茶文化消费场所。木格栅门头橱窗、开放式的座位和明亮整洁的室内环境，使得整个茶饮空间在繁华购物中心的临街店铺中独树一帜，如一缕清风般自然而静谧。它像是街道上一个巨大的敞开着的茶匣子，向每一位寻找归属的来客打开着心扉。店内顾客能一边品尝茶饮一边欣赏街景，他们或在歇息，或在谈笑风生，也不知不觉成了路人眼里别致的风景。这里不仅是贩售茶产品的场所，更是新生活方式的展示平台，人们与茶文化对话的窗口。

传统茶文化在传播上需要符合当代的文化语境与沟通方式，才能让年轻人真正产生共鸣。DPD的设计师提取茶文化与因味茶品牌中的标志性元素，融入茶饮空间的诠释当中。半透明的木栅格与白色墙体构成的弯曲廊道，引导人们一步步向店内探索，营造曲径通幽的神秘感。

（资料来源：http://www.designwire.com.cn/mix/12263。）

（二）现代东方茶室

现代东方茶室是从对传统中式茶馆充分理解的基础上演化而来的茶饮空间，将当代主义观念与传统意趣相结合，对传统文化进行解读与重构、演绎与提炼，营造富有传统韵味的现代空间。东方茶室雅致而不繁复，注重空间与自然相互协调、互相交流与融合，追求修身养性的生活境界；多以简练的明式家具为主，空间中还点缀着书画作品与花鸟植物，并打造曲径通幽、步移景异的空间格局，使人在方寸之间感受意象的无限延展。30~60岁的人群是东方茶室的目标消费群体，他们热衷于对传统茶饮文化的传承，尤其讲究茶的渊源和文化，以及冲泡技艺等。东方茶室多数拥有独立庭院，远离人流过于密集的商圈，意在为忙碌的都市人在快节奏的工作之外提供悠然自得的交往空间，为保证高品质的体验，经营者会减少营销手段，主要靠口碑传播为主。

（三）现代西式茶室

相较于现代东方茶室的典雅和现代中式茶吧的日式简约，西式茶吧多以精致细腻、注重形式感以及色彩的混合搭配为主要设计特色，传达出一种色、香、味俱全，悠闲的、世界性的茶文化与生活形态。西方茶文化并不算深厚，因此中国传统茶文化并没有成为西式茶吧设计发展的桎梏，反而令西式茶吧的设计风格独立于中国茶吧的设计风格之外，多了几分时尚感和形式感。

案例学习

T2 Shoreditch茶吧案例

　　2014年，设计公司 Landini Associates 的设计师 Mark Landini 为 T2 的第一家国际分店——伦敦 Shoreditch 分店打造店面与各种产品包装。这家店跟传统的英国茶铺不同，茶吧店面以木质黑色墙面为基调，并采用流行的工业风，将所使用的原材料和框架结构暴露在外，颠覆了人们对茶文化的固有印象。上百种茶叶和茶具陈列在货架中，多彩的颜色极具视觉冲击力，有很强的艺术氛围。茶吧中央的展示空间，可以让顾客自己搭配茶叶，增强了体验性。

请扫描二维码
进行学习

　　透过这种时尚潮牌的视觉行销设计，T2 打破了"只有老人才喝茶"的错误观念，轻易地吸引了许多年轻族群。在伦敦的旗舰店里，设计师就巧妙地把这个"茶的图书馆"意象，用设计传达出去。店铺的产品陈列区有 30 米长，金属货架上摆放着超过 250 种茶叶，依照类型分成不同的区域。所以顾客在这里能看到琳琅满目的商品，同时也能了解到茶的品种究竟可以有多丰富。

　　T2 的门店用茶叶、茶具以及各种与茶相关的事物，营造出一种感官的体验，它鼓励人们在好奇心的驱使下多去尝试，去发现自己喜欢的茶。T2 的创始人玛丽安说过："拥有悠远历史的茶文化，既是推动茶铺的优势资源，也是阻碍。"T2 的成功在于坚持创新，打破人们对茶文化所设下的各种规矩，从新鲜的视角看待喝茶这件事。

　　（资料来源：https://www.sohodd.com/archives/65069。）

（四）现代新茶吧

　　现代新茶吧的空间设计技法与现代中式茶吧相似，以空间的整体性为设计基本原则，强调形式服务与功能，在形态上提倡几何造型的审美趋势，注重经济适用、简约美观的设计理念。值得一提的是，现代新茶吧的多数设计者会考虑空间在社交网络上传播的可能性，试图以耳目一新的门店设计来吸引年轻消费群体。

有的设计会带有炫彩、镜面、磨砂等属性的材料与大面块的纯色相结合，容易形成具有冲击力和戏剧化的视觉效果，帮助店铺在社交网络上快速为年轻人所知，并使其产生消费行为。这类茶吧选址多数在人流密集的商业中心或街道，火热的排队场景能形成自传播效应，吸引更多潜在客户前来体验与消费。这并不意味着弱化了产品的重要性，与之相反，这些品牌更强调产品研发的速度及口味的独特性，从而增加年轻消费者的消费频次，令其形成消费习惯。例如，喜茶在丰富空间体验上的屡次尝试，强调社交属性，积极向消费者传递生活方式理念，在产品和品牌上齐发力，为了让品牌热度不降温，不断在探索与实践中树立品牌形象。

● 案例学习

喜茶：每家门店的设计，都是一个灵感诠释的过程

请扫描二维码
进行学习

在喜茶这个年轻品牌身上，我们看到了关于喝茶这件事的更多可能性。从 2012 年至今，从小巷"江边里"的第一家店到风靡全国的新式茶饮领军品牌，再到获得主流大众普遍喜爱，上百家喜茶门店的逐渐沉淀让喜茶对店面空间有了更多元的探索，并从新一代店面开始进行空间形象升级的尝试。

注重传播效益的网红风格不再适合日益成熟的品牌，精致度、品质感、顾客的停留体验成为新的诉求。店面应与产品相辅相成，帮助传达年轻态的茶文化，并提供舒适放松的喝茶氛围。喝茶也可以是酷（Cool）的，传统茶文化中的禅意（Zen）在喜茶品牌中成了灵感（Inspiration）的来源，这一切都在当代的设计（Design）中得到表达。喜茶希望以一杯好茶激发一份灵感，而设计师则希望通过对此空间的塑造触发一种不流于形式的禅意感受。

每家喜茶店都被赋予新的概念，LAB、白日梦计划、黑金、PINK 主题店各具个性。没有两家喜茶是相同的，Cool、Lnspiration、Zen、Design，每一家门店都是一个灵感诠释的过程。

一、喜茶·郑州国贸 360 广场店

设计：立品设计

郑州这家店更为直接地选取了芝士茶特有的渐变茶色作为沟通点，利用店址本身两层通透的建筑特点，营造"整个人泡在茶汤里"的奇妙体验。细条形

定制手工砖是构成色彩渐变的主要材质，其半弧面形态平铺后带来像竹排一样的自然肌理。面对局促的面积，设计师选择以一个瞩目的旋转楼梯贯穿一、二层，营造更具记忆点的视觉效果。

二、喜茶·杭州国大城市广场热麦店

设计：nota 建筑设计工作室

当喜茶与杭州的饮茶文化相遇，如何呈现"茶生活"的状态呢？杭州的首家热麦店邀请 nota 建筑设计工作室，以"茶园"为空间原型，借其空间逻辑和造型语言，构建了一座"喜茶园"。室内设有茶田茶座，营造出户外桌椅区的氛围。杭州产茶，茶更融入当地的市民生活。在一系列对于杭州茶文化的探索之后，"茶园之禅"成了空间的表达主题。借鉴于依山傍水的茶树种植原型，茶田的脉络被用于组织整个空间布局。"茶山"依地形爬坡而上，田埂间错落的台阶可供歇息，沿台阶的两组扶手缓缓上升、指向山顶的镜面门洞，错生无尽延续的意向。"田埂"间的户外座椅同样适应灵活的使用方式，低矮的种植树槽和高置的背靠软包装置一齐扮演"茶树丛"，快速分类人流的同时，构成了高度有效并且舒适的流动使用动态。

三、喜茶·深圳中心城店

设计：立品设计

一组巨大的静谧蓝圆片散落各处，那些静止在半空中的蓝圆片则恰到好处地呈现了飘浮的状态，令人忘却时间的存在，回应了禅意所孕育的"在抽离和空寂中寻找自我"的精神状态。空间主体部分由寻常可见的天然麻石覆盖，在高度统一的处理方式中，材质本身的传统与粗糙属性转化叠加，提升了空间的品质感与纯净度。设计师通过装置手法对时钟进行抽象表达，向人们揭示"时间仍然无时不刻在流动"的线索，与静止的空间形成玩味的对比。毕竟饮茶绝妙的功能之一便是净化自我，如此，之后的人生才有开启更多可能性的力量和勇气。

四、喜茶·南宁万象城店

设计：BloomDesign 绽放设计

设计公司在为喜茶打造南宁万象城店的时候，决定从茶文化的源头着手去找到新的思路与方式，为喜茶品牌注入一种全新的品牌印象。

在设计中大量使用"石、木、水"这些最纯粹、最原始的自然元素，通过诚实而不未经修饰的表达，摒弃繁杂，唤起消费者对本质的感受。入口处设计了一个玻璃水幕作为空间隔断，由于水的流动，让空间之间的关系变得更加生动有趣而富有变化，潺潺流水与粗犷有力的原石，动静之间让空间有了一种东方山水的韵味，大面积的留白也给予了消费者更大的想象空间。在设计中保留了材质的天然肌理，用这种朴质原始而近乎本质的自然元素来诠释一个茶空间，恰是一种繁华之后归于平淡，是对于本质的表达。

五、喜茶·虹桥新天地店

设计：DAS Lab

以"灵感之茶"的产品定位作为延展，DAS Lab 试图搭建"地域符号与当代商业"的空间语境关系。该空间的空间构想是从一个剖面开始的。光线将通过建筑幕墙的矩形窗洞投射进内部，挑高的斜面形成了新的建筑形态。空间由银灰调不锈钢材质作为基底，与大面积墙顶彩色砂浆材质的碰撞是该空间商业绩效与文化价值取向的平衡。该场所彩色砂浆模拟了民间传统材料"夯土"，与充满轻盈之态的空间对比出一种极具现代感的苍劲。

六、喜茶·武汉永旺梦乐城店

设计：立品设计

设计团队认为终端店面是品牌的最强沟通媒介，于是将空间用作产品体验的延展就成了顺理成章的考虑。一口芝士茶后，杯沿流下的白色奶盖及其绵密轻盈的质感是这家店的概念灵感来源。抽象化的奶盖形态从天花向下延伸，构成空间的主要设计元素与记忆点。白色渐变油漆结合定制杉木座椅，同样源于对奶盖的联想。原木材质的加入提升了舒适度与亲和力。白色渐变玻璃，创造带来"灵感"的想象空间。位于商场室内的外部区域选择金属与洞石的材质搭配和阶梯状的座位形式，整体更为轻松、更具活力，呈现开放和欢迎的状态。

（资料来源：https://www.justeasy.cn/news/12495.html。）

第六节　酒吧空间设计

酒吧是人们进行社会礼仪、感情交流的重要场所之一，也是现代人享受不同餐饮娱乐文化的生活方式。优秀的酒吧空间设计能有效地提升空间的美学品位和艺术审美效果，获得一种闲情雅致的体验和文化情趣美。现代酒吧空间设计也在经济发展浪潮和时尚文化的洗礼中异军突起，在餐厅空间设计中发挥着极其重要的作用。

一、酒吧空间设计原则

酒吧空间设计追求设计者、使用者和社会评价三方面的融合，因此产生了一系列的设计原则。

图6-23　兰巴赫酒吧餐厅营造的德国场景氛围

（一）市场针对性

具有明确市场针对性的酒吧才能以一定的投资限额实现最大的经济效益。酒吧作为人际交往的场所，设计的焦点之一就在环境与人际交往的层面。酒吧设计的市场针对性原则表现为设计师应从消费者角度出发，基于空间、装饰传达一种信息。现代社会的消费者，在进行消费时往往带有许多感性的成分，容易受到环境氛围的影响，在酒吧中这种成分尤为突出，因此酒吧中环境的"场景化""情绪化"成为突出的重点，以达到与消费者产生情感上的共鸣（见图6-23）。

（二）文化参与性

酒吧文化由很多方面组成，如音乐、人、环境、品酒、氛围等，所以酒吧文化本身就是多种精神和文化的融合。人们在酒吧里不但能感受各种各样的文化，而且他们也是各种文化的参与者。酒只是一种背景，文化才是主题，才是同人们心灵产生共鸣的事物。参与性原则包括两方面：一是适应性，无论形式和内容都要让消费者乐意接受；二是多样性，在充实多样的文化娱乐活动中找到自己的快乐。

（三）鲜明特色性

在酒吧设计中，要营造具有特色的、艺术性强的、个性化的空间。个性与风格是酒吧文化的核心，也是其最本质的东西。工业时代的酒吧装修风格突出体现了个性与自由、张扬与艺术的特点。这种设计撇开了一般意义上的价值标准，追寻着不同于流行价值的价值（见图6-24）。

二、酒吧空间的布局设计

（一）酒吧空间的分类

酒吧空间分为动态空间和静态空间两种。动态空间是引导大众从动的角度来观察周围的事物，把人带到第四空间中，如绚丽多彩的光影、生动个性的背景音乐。静态空间又分为开敞空间和封闭空间。开敞空间是外向的，强调与周围环境的交流，开敞空间经常作为过渡空间，有一定的流动性和趣味性，是开放心理在环境中的体现。封闭空间是内向的，具有很强的私密性，为了打破封闭的沉闷感，经常采用灯、窗来扩大空间感和增加空间的层次。无论是开敞空间还是封闭空间，设计者都可以利用天花板的升降、地面的高差来打造空间。

图6-24　兰巴赫酒吧餐厅颇具特色的座椅设计

（二）酒吧的平面布局

1. 酒吧门厅

酒吧门厅是接待客人的场所，一般都有交通、服务和储存三种功能，其布置既要产生温暖、热烈、深情的接待氛围，又要美观、朴素、高雅，不宜过于复杂。门厅是顾客产生第一印象的重要空间，而且是多功能的共享空间，也是形成格调的地方，顾客对酒吧气氛的感受及定位往往是从门厅开始的。

2. 酒吧大厅

酒吧大厅一般划分为吧台区、散座区、卡座区、表演区、音响区等。

吧台区是酒吧向客人提供酒水及饮用服务的工作区域，是酒吧的核心部分。通常由前吧（吧台）、后吧（酒柜）以及中心吧（操作台）组成。吧台的大小、组成形状也因具体条件的不同而有所不同。

散座区是客人的休息消费区，也是客人聊天、交谈的主要场所。因酒吧的不同，座位区的布置也各不相同，有卡座式，也有圆桌围坐式。

卡座区是供友人或团体聚会的场所。

表演区一般包括舞池和舞台两部分。舞台是客人活动的中心，根据酒吧功能的不同，舞台的面积也不相等。舞台供演奏或演唱人员专用。舞台的设置以客人能看到舞台上的节目表演为佳，避免前座客人遮住后座客人的视线，并要与灯光、音响相协调。

音响区是酒吧灯光音响的控制中心，用于酒吧音量的调节和灯光的控制，以满足客人听觉与视觉上的需要。音响区一般设在表演区，也有根据酒吧空间条件设在吧台附近的。

3. 酒吧厨房

酒吧的厨房设计与一般餐厅的厨房设计有所不同，通常的酒吧以提供酒类饮料为主，辅以简单的点心熟食，因此厨房的面积占 10% 即可。也有一些小酒吧，不单独设立厨房。

4. 卫生间区域

有一些小酒吧，不单独设立卫生间，如果酒吧开在商场里或者是酒店大堂里，一般也是没有卫生间的。有卫生间的酒吧，卫生间设计与酒吧的主体风格要一致，通过卫生间表现出酒吧个性，可以成为酒吧的一个设计亮点。

5. 其他区域

酒吧的其他区域包括后勤区，主要是厨房、员工服务柜台、收银台、办公室，强调动线流畅，方便实用。

（三）酒吧空间的材料选择

吧台是酒吧空间个性的重要展示区域，吧台材料可选大理石、花岗岩、木质、不锈钢、钛金等，不同材料的吧台可以形成风格各异的风貌。吧台的形状因空间的性质而定，视建筑的性格而定，从造型看有一字形、半圆形、方形等。与吧台配套的椅子大多是采用高脚凳，常见吧椅为可旋转式。

（四）酒吧空间的家具配置

酒吧中的家具造型、大小首先应满足酒吧的特定功能；其次要使顾客感到舒适。酒吧中的家具要做到少而精，注意其数量、质量和大小规格。最后，酒吧家具要便于移动且坚固、耐用、耐磨，颜色不宜太鲜艳，太鲜艳的家具会使饮酒后已经兴奋的客人产生眩晕感。

（五）酒吧空间的装饰陈设

酒吧室内装饰与陈设可分为两种类型：一种是生活功能所必备的日常用品设计和装饰，如家具、窗帘、灯具等；另一种是用来满足精神方面需求的、单纯起装饰作用的艺术品，如壁画、盆景、工艺美术品等的装饰布置。装饰品也是酒吧气氛营造的一个重要方面，可以通过装饰和陈设的艺术手段来创造合理、完美的室内环境，以满足顾客的物质和精神生活需要。装饰与陈设是实现酒吧气氛艺术构思的有力手段，不同的酒吧空间，应具有不同的气氛和艺术感染力的构思目标。

● 案例学习

Cask215温暖工业风酒吧设计

Cask 215 酒吧位于立陶宛北部的 iauliai 小镇，在这个 100 多平方米的空间里，大酒吧是整个空间的中心。它的设计与古老的木桶作品有着相似之处：它的周围有一圈用橡木木材，圆形的角落都是直接参照桶的形状，还有一个厚重的混凝土吧台。同样的深色橡木也适用于大部分地板、天花板的部分，以及所有圆形的桌面和吧台。所有的木质品都使用同样的颜色。

请扫描二维码
进行学习

与此同时，在吧台周围的地板上覆盖着黑色和白色的棋盘格，它也被用于黑白色的地铁瓷砖、酒吧内的柱子上，以及贯穿整个空间的支撑柱。空间里也充满了深灰色的细节：比如黑色金属的结构，灰色部分的图案被部分使用，悬挂的电线、混凝土的吧台和椅子。在这种单色的色彩游戏中，使用了一种装饰着吊灯和酒吧设备采用金色。"Cask"的名牌由霓虹灯制成，在空间中脱颖而出。

（资料来源：http://loftcn.com/archives/27677.html。）

复习与思考

一、简单题

1. 传统中餐厅与新中式餐厅在空间设计上有什么区别？

2. 西餐厅包含了主要几个类型，不同风格的西餐厅在空间设计上有什么区别？

3. 咖啡厅空间风格有哪几种类型？咖啡厅设计的要点有哪些？

二、运用能力训练

● 案例分析

希腊融合风格咖啡店设计分析

几何线条和意想不到的元素出现在了这家名为 Black Drop 的新咖啡店里。咖啡店位于希腊北部城市卡瓦拉的中心位置。这个空间融合了城市当代风格与工业美学，为顾客提供了一个新的选择，以满足他们的喝咖啡的欲望。空间里的水磨石地板和一层一层的东西给室内带来了一种古老的、温馨的元素，而天花板和墙壁上暴露的水泥梁则增加了前所未有的"工业"触感。

图 6-25　希腊 Black Drop 咖啡厅（1）

图 6-25　希腊 Black Drop 咖啡厅（2）

图 6-25　希腊 Black Drop 咖啡厅（3）

（资料来源：http：//loftcn.com/archives/59309.html。）

请综合以上案例，思考如下问题：

1. 本案例咖啡厅在灯具选择、色彩搭上配有什么特点？

2. 本案例中的咖啡厅选用了哪些材质作为装饰材料?

推荐阅读

1. 加藤匡毅 . 世界各地的咖啡馆空间设计 [M]. 北京：机械工业出版社，2021.

2. 刘圣辉 . 酒吧咖啡馆设计 [M]. 沈阳：辽宁科学技术出版社，2016.

学生实训案例

● 案例1

PART ONE
餐厅设计定位

01

洱海寻香由来

在洱海边，一家有着咖啡香气的店铺吸引着你的到来，当你踏进店铺，还能闻到屋子里檀香的味道。
我觉得香气能使人安定，咖啡浓郁和檀香淡雅混合的味道也非常迷人。
捧上一杯咖啡坐在沙发上，脚放在脚凳上，伴着音乐与浪声，享受洱海明丽的午后吧！

创意设计

本店的饮品专注于咖啡，除了美式咖啡、意式浓缩、摩卡、卡布奇诺等常见单品，我们还引入了欧洲咖啡的始祖——土耳其咖啡。这种特别的咖啡需要耐心地烹煮，正好符合了我对这家店"慢"的定义。且土耳其咖啡可用于占卜，这能够作为小店一大创意卖点，吸引客人前来。

除了咖啡饮品，还有一些不会影响店内香气的小食，西式的披萨、意面，本地的烤/炸乳扇、鲜花饼等。

扶手椅与脚凳组合，提供更舒适的座椅。

布局特色

01 遵循瞭望—庇护效应，采用散位和吧台位结合的方式并控制好距离，留足心理空间

02 一面墙全透明，由落地窗和玻璃门组成（会做好受力），且要做好标识，避免客人撞头

主题理念

Just Relax

Back to Nature

没有工业风的刚硬
没有欧美式风的华丽
只有北欧风的简约和无尽的创意

PART TWO
外 立 面 设 计

02

一面全透，
其他面全木

朝海那一面为全透明的落地窗和玻璃门

不朝海的那三面全铺上深棕色的木头，
纹路都是竖纹（类似右图的纹路和颜色）

门也是简单的木门，讲究与外立面的色
彩融合

"明月松间酒店" 样图示意

运用灯具增亮

线灯——Eden Design
这种光源的力量在于它的长细与
不可见。该装置设计得非常简单，
可以在任何地方使用——安装
在墙上或者悬挂在天花板上。还
有一个创新在于可以将多种LED
灯具插入其中，并且能够移动。
将此灯安装于外立面，打开它可
为客人指路，也可以通过移动它
为外立面 "凹" 出不同的造型

PART THREE
室内空间示意图
注：因为设计的软件问题，没有喜欢的家具，该示意图只
作显示布局用

03

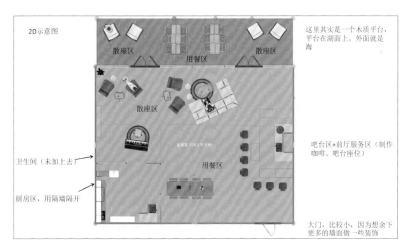

2D示意图

散座区 用餐区 散座区

散座区

起居室（126.3平米）

用餐区

卫生间（未加上去）

厨房区，用隔墙隔开

这里其实是一个木质平台，平台在湖面上。外面就是海

吧台区+前厅服务区（制作咖啡、吧台座位）

大门，比较小，因为想余下更多的墙面做一些装饰

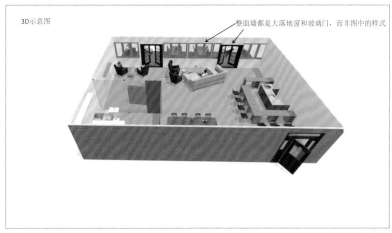

3D示意图

整面墙都是大落地窗和玻璃门，而非图中的样式

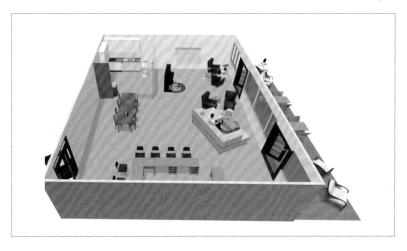

PART FOUR
空 间 装 饰 设 计

04

B&B Italia

大型的灰白色沙发
可供多人休憩
低矮宽大

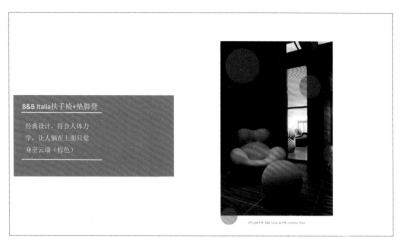

B&B Italia扶手椅+垫脚凳

经典设计，符合人体力学，让人躺在上面只觉身至云端（棕色）

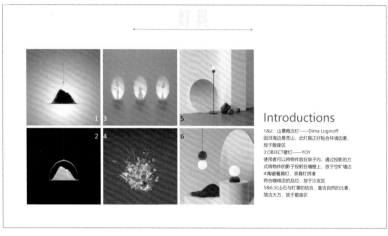

Introductions

1&2: 山景概念灯——Dima Loginoff
因洱海边是苍山，此灯具正好贴合环境因素，放于散座区
3:OBJECT壁灯——YOY
使用者可以将物件放在架子内，通过投影的方式将物件的影子投射在墙壁上，放于空旷墙边
4:陶瓷餐具灯，茶具灯拼凑
符合咖啡店的品位，放于沙发区
5&6:火山石与灯罩的结合，富含自然的元素，简洁大方，放于散座区

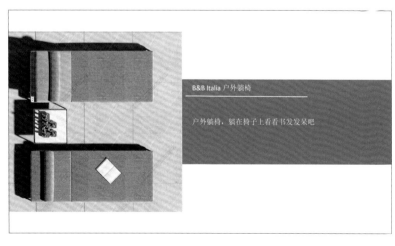

B&B Italia 户外躺椅

户外躺椅，躺在椅子上看看书发发呆吧

前台示例

原木元素与大理石桌面结合

适当摆上一些好看的花瓶加绿植

户外用餐区示例

木质长桌,贴近自然

趣物

● 案例 2

新时代，看Z世代

- **Z世代**，泛指1995年后到2010年前出生的一代人。据统计，Z世代青年约占中国总人口18.5%。

- 初出**象牙塔**的Z世代消费潜力巨大，却常常被"内卷"压得喘不过气，**面临焦虑**与迷茫，向往**纯粹**与宁静；追求真我，拒绝同质化……

- **双面"Z世代"**：以大学生为代表的Z世代活跃于网络社交，线下却有着"社交恐惧"，享受"自我孤独"的片刻喘息。

餐厅主题设计与定位

漫步·时光

- "北欧①时光"聚焦以**初出象牙塔**为代表的Z世代，主打"慢生活"理念，甜美精致的烘焙、自然可口的茶饮尽在这里……

- 餐厅致力于使得每一位光临的顾客感受"**漫步时光**"的美妙，暂时放下烦恼，抛开喧嚣，尽情在这乐园里感悟美好，回归自然，享受片刻宁静。

- "生活不是背水一战，生活连绵不绝"。

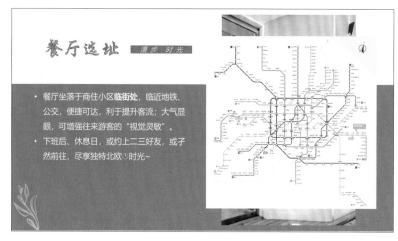

餐厅选址

漫步·时光

- 餐厅坐落于商住小区**临街处**，临近地铁、公交，便捷可达，利于提升客流；大气显眼，可增强往来游客的"视觉灵敏"。

- 下班后、休息日，或约上二三好友，或孑然前往，尽享独特北欧①时光~

PART TWO

经 营 策 略 与 市 场 分 析

漫步·时光

顾客心理与行为分析

☑ **享受自我孤独**

- 城市生活节奏的加速，只身一人和孤独成为一种正常现象。
- "Z世代"可能不喜欢在购物、吃饭、娱乐等日常生活中与人交流，他们更喜欢一个人完成这件事情。

☑ **会买、会逛、爱尝新**

- Z世代对新品敏感度高，喜欢尝试新鲜事物，追求新意，不喜欢受到传统规则的束缚。

☑ **悦己："颜值即正义"**

- 无论是包装、工业设计、室内软装，都需要有可见性及可拍性，这样才能促使Z世代人群使用及转发。

经营策略分析 漫步·时光

▶ *Strategy*

☑ **"慢"现代**

- 暂别快节奏，感受宁静
- O2O经营模式，双重体验

☑ **分众化**

- 专注顾客个性化需求
- 去同质化，不走大众风

☑ **去浮华**

- 拒绝"虚假滤镜"渲染
- 品质茶点，自有颜值

☑ **"温"情感**

- 恰到好处的服务
- 不唐突、不突兀
- 重视每一位客户的感受

漫步·时光

市场分析——同类型餐厅比较

SMAKA (愚园路店) ★★★★☆

- **人均：** ￥60/人
- **特色：** 布达佩斯蛋糕、肉桂卷
- **店址：** 上海市愚园路769-3号
- **营业时间：** 工作日8:00~21:00
  双休日9:00~21:00

✓ **优势：** "网红效应"利于打开市场；店面设计温馨、简约，是上海少见的瑞典风格甜品店。

✓ **劣势：** 顾客普遍反映餐厅空间小，排队等待时间过长；口味不如评价描述得好。

漫步·时光

其他甜品店比较

满记甜品 (人民广场店)

- **人均：** ￥38/人
- **特色：** 芒果班戟、杨枝甘露
- **店址：** 人民广场/南京路 C区1-119号
- **营业时间：** 10:00~22:00

✓ **优势：** 品牌效应，口碑佳；地理位置佳，客流量大；口味符合大众喜好。

✓ **劣势：** 员工服务态度差；食品卫生有待提高。

漫步·时光

品牌门店数排行

来伊份 全国占比:42.78%	区域门店数	1417家
巴比馒头 全国占比:35.12%	区域门店数	1316家
沙县小吃 全国占比:3.83%	区域门店数	1311家
星巴克 全国占比:14.79%	区域门店数	932家
兰州拉面 全国占比:2.38%	区域门店数	860家
千里香馄饨王 全国占比:19.82%	区域门店数	631家
瑞幸咖啡 全国占比:9.71%	区域门店数	548家

9000
8000
7000
6000
5000
4000
3000
2000
1000

市场分析

三、市场分析

1.经济指标

截至2021年12月3日，上海作为著名一线城市，共有19余万家餐饮门店，平均人均消费指数69元。

2.门店分布与消费占比

据统计，顾客在10~40元价格区间里，消费占比最大，总计51.01%。

3.品牌门店数量排行

由于经营模式管理以及资金支持，品牌连锁店在餐饮市场内占比较大，具有一定规模效应及口碑效应。

漫步·时光
餐厅分析

对于本餐厅而言，相较于其他餐厅，有如下优劣势：

- ✓ 优势：优质服务，清新体验，绿色自然。
- ✓ 劣势：餐厅刚刚起步，知名度不高。
- ✓ 威胁：竞争对手众多，有一定规模效应。
- ✓ 机遇：新兴餐饮种类层出不穷，本餐厅风格独特，食品、服务品质佳，利于建立客户网络。

PART THREE

餐 厅 功 能 分 区

CLICK TO DISCOVER

备餐区
漫步·时光

- **氛围：** 备餐区以白色为主基调，延续外立面风格，呈现明亮干净的气息。整体展现纤细又利落的时尚感与线条感。
- **材质：** 备餐台采用白灰大理石与精致的金色铁架与木质装饰相搭配。
- **灯光：** 暖光设计，烘托温馨浪漫气息。
- **细节：** 备餐区过道无搭板，加快送餐进程，内外相通，与顾客"零"距离。

室外就餐区

晚霞、落日、夜幕低垂……
点点星火，邂逅温柔慵懒的晚风……

- **设计：** 二楼的就餐区以**露天**为主，沉浸式感受自然气息，最大限度利用自然光线。
- **装饰：** 透明玻璃，点缀星星灯，营造浪漫惬意的用餐氛围。
- **材质：** 座椅运用竹藤编制而成，搭配柔软舒适的靠枕与坐垫，尽显天然纯粹。

室内就餐区

- **设计：** 整齐干净的空间摆设，将温暖与优雅传递至尽头，展现最自然的气息。
- **材质：** 延续原木风格，纯真初心，简单纯粹，视觉上给予顾客阳光、温暖、静谧之感。

外带区：带走时光

- 闲暇时店内感受时光。
- 忙碌时请带走时光。
- **嵌入式**外带区，增加"通道"意象结构，店面小巧精致，保持独特质感。
- **外观：** 延续餐厅主题的白色风格，并加以蓝色标识，低调却不失吸引力。
- **内部：** 采用"克莱茵蓝"，用单纯的色彩，唤起顾客心灵的感受力，冲击力强，象征纯净与理想，彰显个性。
- **材质：** 木质托板，简约却突出时尚感。

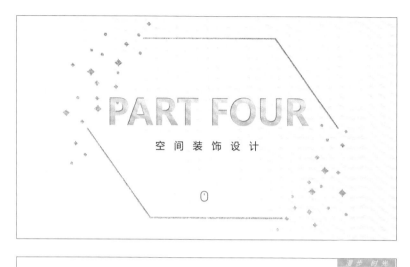

PART FOUR

空 间 装 饰 设 计

外立面设计

在这里,
漫步北欧时光...

- **氛围:** 整体采用简洁明了的设计手法,以白色为基调,传递**明亮、整洁、纯净**的气息。
- **设计:** 店面与周边喧嚣浮躁的环境剥离,大部分的留白像一张画布,记录来来往往的人物和**光影**。
- **绿化:** 窗口加以绿植点缀,源于自然,呼唤一抹盎然**生机**。
- **灯光:** 店门旁的光圈与向内收缩的设计完美映衬,增强**视觉**感染力。

室内环境设计 漫步·时光

- **光影:** 室内空间宽敞,内外通透,最大限度引入自然光,追求自然。
- **色彩:** 原木质感,诠释北欧风格的灵魂。
- **通透:** 悬空楼梯,铁艺与麦穗气息的融合,增添趣味与空灵感。

漫步·时光

装饰设计 ·····

- 木色阶梯下是一片麦穗，赋予空间生命与气息，呼唤自然，感悟生命，传递片刻之间的小确幸。
- "大"与"小"，原木与麦穗，源于自然，感受自然，畅游自然，用细节彰显态度与温度。

顶部灯具设计

- "时光"是弥足珍贵的，人们常把时光比喻成**水流**，错综复杂，一去不返。
- 这款灯具中的每一颗水晶都晶莹剔透，仿佛冰块将水流凝固，意为"**将时间留住**"，慢下来，享受这一刻"**漫时光**"。
- 水晶灯中的**多种色彩**象征生活多姿多彩，千姿百态，酸甜苦辣皆有之。

漫步·时光

发 现 细 节 ·····

- 不经意间的拐角处也有"**小确幸**"。
- 北欧风格色系，搭配花卉与图案。
- 生活有曲折，却也处处有"**小美好**"，悄悄的，或许就在下个转角······

绿植生活

漫步 时光

- 室内用餐感受自然的氛围，轻嗅植物的清香，使人心旷神怡。

- 清新绿，原木色，柔和光，天和之作，点滴美好触手可及。

创意设计

漫步 时光

- 悬挂式绿植，随处可见的生机盎然。
- 不再束缚于传统的摆放。
- 制造"悬挂"的惊喜。

青森系列餐具

漫步 时光

- 如果温柔有颜色，那么一定是莫兰迪色。

- 设计：简约北欧风，不规则造型，独有质感。
  色彩：细腻亚光，淡雅绿和静谧米，让顾客感受温柔的用餐时光。
  质地：采用强化瓷，质地坚硬，高温色釉工艺制成，不含重金属，传递健康环保理念。

● 案例 3

餐厅市场分析

一、餐饮行业整体综述

在"新冠"疫情这一大环境下，国内餐饮行业恢复不及预期，消费从产品转向服务的报复性反弹并未到来。因此在疫情不断反复、持续管控下，新增投资进入行业的难度加大。

虽然我国餐饮连锁企业门店数量保持稳定增长，但是2020年受"新冠"疫情影响，餐饮行业受到了全面的冲击与深远的影响，即便一些大规模的连锁餐饮企业也面临着巨大的经营压力。有数据显示，仅2020年1~2月，餐饮业注销企业已达1.3万家。据中国饭店协会调查数据显示，50%以上的餐饮企业将关闭20%~80%的门店，3%的餐饮企业将完全退出行业。

所以，针对目前这一大环境下，选择投资一家餐饮店，是风险较大的，但是未来发展的前景是广阔的，此时是做好迎来发展准备的最佳时机，所以，我选择了结合海湾镇的特色农垦设计这家创意餐厅，相对而言风险较小，可实施性较大。

餐厅市场分析

二、区域市场分析

从近期对海湾镇当地的餐饮业市场情况的摸底来看，本地餐饮业发展较为滞后，农垦餐饮的市场较为混乱，而基于海湾镇的餐饮业态发展现状来看，这一市场是空缺的，目前没有形成一个统一整合的状态。HW创意餐厅的出现恰恰能够填补这一空白，并且能够通过后期配套营销的跟进，在扩大自身影响力的同时，也能够打开海湾农垦文化的发展市场，完善海湾镇餐饮市场的内容。

三、发展趋势预测

疫情之下，等对餐饮影响最大的居家隔离、学校停课过去之后，对于HW创意餐厅来说，需要关注翻台率、客单价、同店销售增长等反映单店盈利情况的指标。在多重政策的支持助力下，行业复苏步伐也有望加快，对于HW创意餐厅发展也将是一个机遇，加之相同复古怀旧风的主题餐厅也是当下餐饮行业发展的一大趋势，HW创意餐厅与其他餐厅相比，更注重沉浸式用餐的体验，也更符合当代消费者的消费心理，也有注重品牌文化的内涵建设以及IP化，更能吸引消费者的眼球，对于餐厅未来的发展也有较大的爆点支撑。

H·W创意餐厅食材是以上海市海湾镇农垦区绿色食材为主，以海湾镇当年知青下乡这一时代背景为餐厅设计主题，做特色的创意农垦菜品。希望每位来到餐厅的客人都能够通过品尝到的美食、餐厅的氛围，一起重温当年那段激情燃烧的岁月。给食客一顿饭的时间，沉浸于记忆里的和当下的、琐碎生活的美好。

设计定位

上海作为红色革命精神的起源地，红色文化源远流长。而其中的农垦精神是在特殊的历史时期中，一个特殊的群体，用特殊的方式，为了完成一项特殊的使命中形成的；而在海湾镇的那段峥嵘的岁月里，留存着一群青年在垦区洒下的汗水和自立自强的真实写照，为垦区的建设奉献自己的青春。

他们在荆棘丛生的荒地上，建设海湾。农垦精神是中国人道德精神的典范和标杆，是发扬中华优秀传统文化的关键精神内涵，它不仅仅是一代人坚守的良好品质，更是我们中国人要继承和发扬的重要精神财富。

三、餐厅功能分区

餐厅外观

把对"在地性"的思考浓缩到这条街道的尺度，从材质、场景及文化氛围三个方面和周围环境做承接。门头从缺口的水泥墙面过渡到红砖再到青砖，材质的层层叠加暗示着时间的变迁，立面上大面积的玻璃展示着室内上大菜用餐忙碌的场景，和街道上的往来人群相呼应。入口隐匿在一侧的通道中，将室外场景自然地引入室内，食客仿佛是嗅着饭香走进了某家的饭堂。

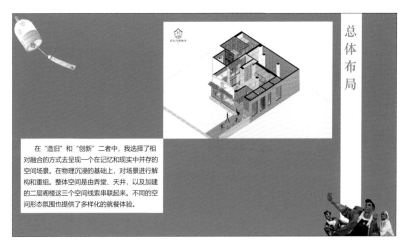

在"造旧"和"创新"二者中，我选择了相对融合的方式去呈现一个在记忆和现实中并存的空间场景。在物理沉浸的基础上，对场景进行解构和重组。整体空间是由弄堂、天井，以及加建的二层阁楼这三个空间线索串联起来。不同的空间形态氛围也提供了多样化的就餐体验。

一楼

在一楼的室内外，延续性和在地性体现在每一个对外的窗口，框景里的建筑、街道及行人都成为塑造空间氛围的要素之一。通过有效地制造视觉连接，借助外部动态变化着的情景，比生硬的在室内重塑场景更加有沉浸感。

吧台

一进入餐厅的拐角处，就能看到比较有特色的吧台。将"造旧"与"创新"相融合，既在红色砖墙与充满年代感的座椅衬托下把食客带入餐厅的主题中，又能体验到现代的开放用餐环境。

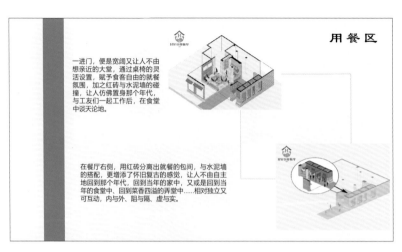

用餐区

一进门，便是宽阔又让人不由想亲近的大堂，通过桌椅的灵活设置，赋予食客自由的就餐氛围，加之红砖与水泥墙的碰撞，让人仿佛置身那个年代，与工友们一起工作后，在食堂中谈天论地。

在餐厅右侧，用红砖分离出就餐的包间，与水泥墙的搭配，更增添了怀旧复古的感觉，让人不由自主地回到那个年代，回到当年的家中，又或是回到当年的食堂中、回到菜香四溢的弄堂中……相对独立又可互动，内与外、阳与隔、虚与实。

餐厅室内概览

一楼餐厅陈设简明的风格与斑驳的红砖背景墙再一次形成视觉的反差感。

人文的表达与时间沉淀出的原始感在这里交织，增添了空间的层次感和叙事性。

餐厅平面布局常采用较为规整的方式，餐厅的隔断则主要是采用布满红锈的铁水管以及银色水管，半高的水泥台重现当年的情景，也在隔离区域的同时，避免对完整空间的分割，使各个空间保持联系，通过一些复古小物件，比如：毛巾、口杯、香皂盒等，大面积的水泥墙，使整个店铺设计超越年代感的怀旧空间氛围。

餐厅室内概览

将褪色的红砖、斑驳的青砖、涂抹不均匀的水泥，与带着装饰性花纹的瓷砖木地板玻璃砖在同个空间交错拼贴着，混乱室内外的观感。后厨与就餐区隔开，给食客多样化的就餐体验。同时，这些材质本身也带着不同的时间记号，在和谐的大色调基础下创造细节上的冲突感，暗示着一种超越年代感的怀旧。

弄堂式的包间走廊，就像穿梭在巷子中。并且用红砖墙将包间与外边的大堂隔断，使包间更具有私密性。

包间的门，用简约的黑色线条，作为包间走廊的分割，让食客在包间用餐时，就像回到自家院子中。

转角处

一楼与二楼的阁楼用铺满红色木质纹地砖的楼梯进行衔接，用镂空的水泥砖作背景墙，两者相互交织，复古与现代感的视觉冲击，"造旧"与"创新"地表达出时空交错的用餐环境。

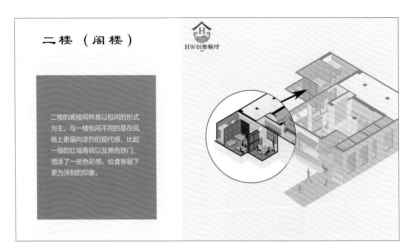

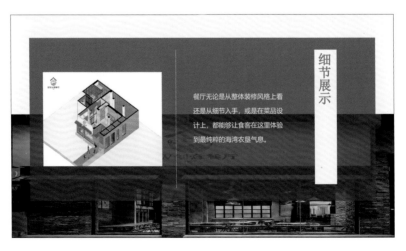

室内装饰

通过室内的植物、装饰画等室内的装饰，让食客一走进餐厅就感觉坐上了时光机，和真实的时空产生强烈的反差：一边是墙皮泛出旧痕的原始色彩，另一边又布置了生机繁茂的植物，营造出有些后现代的感觉。

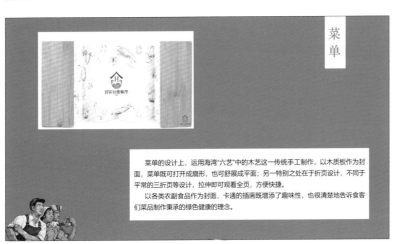

菜单

菜单的设计上，运用海湾"六艺"中的木艺这一传统手工制作，以木质板作为封面，菜单既可打开成扇形，也可舒展成平面；另一特别之处在于折页设计，不同于平常的三折页等设计，拉伸即可观看全页，方便快捷。

以各类农副食品作为封面，卡通的插画既增添了趣味性，也很清楚地告诉食客们菜品制作秉承的绿色健康的理念。

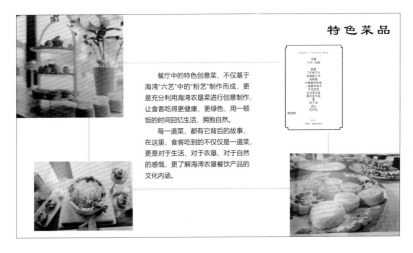

特色菜品

餐厅中的特色创意菜，不仅基于海湾"六艺"中的"粉艺"制作而成，更是充分利用海湾农垦菜进行创意制作，让食客吃得更健康、更绿色，用一顿饭的时间回忆生活、拥抱自然。

每一道菜，都有它背后的故事，在这里，食客吃到的不仅仅是一道菜，更是对于生活、对于农垦、对于自然的感慨，更了解海湾农垦餐饮产品的文化内涵。

桌 椅

在桌椅选择中，餐厅中所有的椅子选用复古的中式折叠椅，椅子的颜色也是靠近红砖色，与红砖墙相呼应，也与室内整个暖黄色的灯光相映衬。更贴近生活，贴近那个激情燃烧的岁月。

包间与大堂所用的桌子是不同的，包间以方桌为主，方桌的材质为木质黑色的，与包间整体风格相匹配；大堂的则是以圆形餐桌为主，每个圆桌上设有圆盘，方便食客用餐，并创造出浓厚的大堂用餐怀旧感，桌腿则是最简单也是最还原当年的铁桌腿，用现代的简约表达复古的年代感。

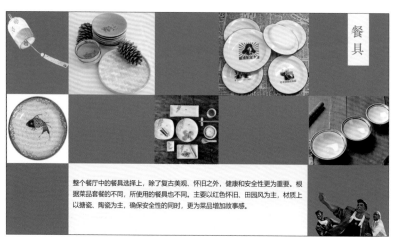

餐 具

整个餐厅中的餐具选择上，除了复古美观、怀旧之外，健康和安全性更为重要。根据菜品套餐的不同，所使用的餐具也不同。主要以红色怀旧、田园风为主，材质上以搪瓷、陶瓷为主，确保安全性的同时，更为菜品增加故事感。

灯 具

一

餐厅主体的灯具选择是基于营造"造旧"与20世纪70年代的氛围感，以干农活时最常用的草帽为灵感，选择现代与农耕用具相结合的样式作为主体灯具，主灯与副主灯灯光的选择也是以暖黄色为基调；通过主体的灯具传递出具有温度的用餐环境，以及怀旧的穿越感。

二

每一个餐桌上都会放置一个复古煤油灯作为灯具的点缀，既突出了餐厅的年代感，又为用餐体验营造出不一样的感觉，像回到家中一样，在温馨的灯光中与家人朋友聚餐。

杯具

在餐厅杯具的选择上，沿用餐具的风格，将田园、复古、怀旧进行到底。
统一用简约又充满"造旧"感的杯子，贴上餐厅的标志，加强食客对餐厅认知的同时，更加沉浸式地体验海湾的创意农垦菜肴。

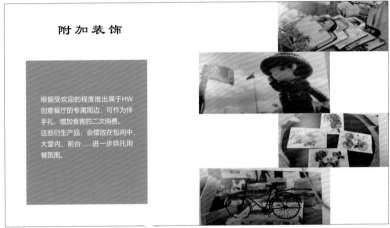

附 加 装 饰

根据受欢迎的程度推出属于HW创意餐厅的专属周边，可作为伴手礼，增加食客的二次消费。
这些衍生产品，会摆放在包间中、大堂内、前台……进一步烘托用餐氛围。

附录：色彩基本原理图标

色光三原色：红（Red）
绿（Green）
蓝（Blue）

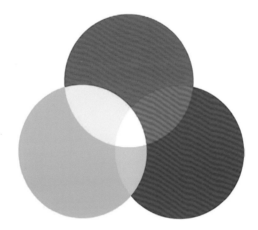

图 1　色光三原色

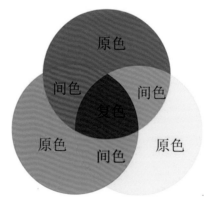

图 2　间色

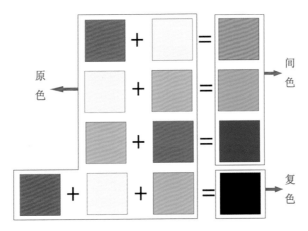

图 3　复色

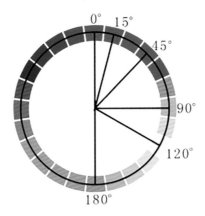

图 4　色相的对比

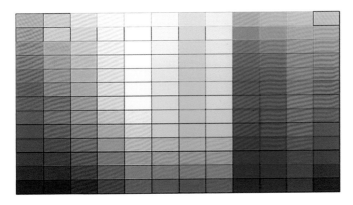

图 5　明度变化图

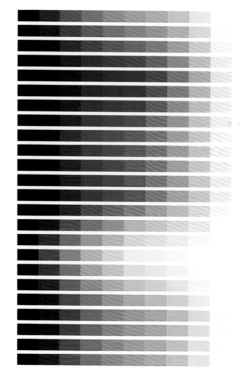

图 6　纯度对比图

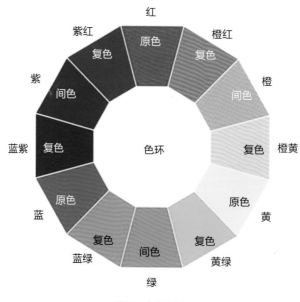

图 7　色调对比

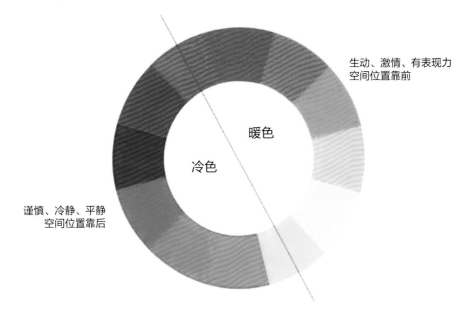

生动、激情、有表现力
空间位置靠前

暖色

冷色

谨慎、冷静、平静
空间位置靠后

图 8　冷暖色调对比图

「全国旅游高等院校精品课程」系列教材 · 餐厅空间设计

参考文献

［1］郑家皓.餐厅创业从设计开始［M］.桂林：广西师范大学出版社，2018.

［2］加藤匡毅.世界各地的咖啡馆空间设计［M］.北京：机械工业出版社，2021.

［3］林镇.风格茶吧［M］.桂林：广西师范大学出版社，2018.

［4］SH美化家庭编辑部.迷你咖啡馆设计经营一本通［M］.南京：江苏科学技术出版社，2018.

［5］扬·盖尔.交往与空间［M］.北京：中国建设工业出版社，2002.

［6］高巍.餐厅设计法则100［M］.沈阳：辽宁科学技术出版社，2012.

［7］严康.餐饮空间设计［M］.北京：中国青年出版社，2014.

［8］简名敏.软装设计师手册［M］.南京：江苏人民出版社，2020.

［9］严建中.软装设计教程［M］.南京：江苏人民出版社，2013.

［10］善本出版有限公司.探索设计中的灵感：植物美学［M］.北京：人民邮电出版社，2020.

［11］祝彬，樊丁.色彩搭配室内设计师宝典［M］.北京：化学工业出版社，2021.

［12］李振煜，赵文瑾.餐饮空间设计［M］.北京：北京大学出版社，2014.

［13］刘可.餐厅空间设计教程［M］.重庆：西南师范大学出版社，2016.

［14］欧潮海，金樱.餐饮空间设计与实践［M］.武汉：武汉大学出版社，2017.

［15］杨婉.餐饮空间设计［M］.武汉：华中科技大学出版社，2017.

［16］周婉.餐饮品牌与空间设计［M］.南京：江苏凤凰科学技术出版社，2018.

［17］邱晓葵.餐饮空间设计营造［M］.北京：中国电力出版社，2013.

［18］任洪伟.餐饮空间设计实训指导书［M］.北京：中国水利水电出版社，

2016.

　　［19］朱淳，王美玲．酒店及餐饮空间室内设计［M］．北京：化学工业出版社，2016 年．

　　［20］简名敏．餐饮空间氛围营造［M］．南京：江苏科学技术出版社，2017.

　　［21］严建中．软装设计教程［M］．南京：江苏人民出版社，2013.

责任编辑：李冉冉
责任印制：冯冬青
封面设计：中文天地

图书在版编目（CIP）数据

餐厅空间设计 / 曾琳主编. -- 北京：中国旅游出
版社，2022.4
全国旅游高等院校精品课程系列教材
ISBN 978-7-5032-6930-1

Ⅰ. ①餐… Ⅱ. ①曾… Ⅲ. ①餐馆－室内装饰设计－
高等学校－教材 Ⅳ. ①TU247.3

中国版本图书馆CIP数据核字(2022)第047251号

书　　　名：餐厅空间设计

作　　　者：曾琳主编
出版发行：中国旅游出版社
　　　　　　（北京静安东里6号　邮编：100028）
　　　　　　http://www.cttp.net.cn　E-mail:cttp@mct.gov.cn
　　　　　　营销中心电话：010-57377108，010-57377109
　　　　　　读者服务部电话：010-57377151
排　　　版：北京旅教文化传播有限公司
经　　　销：全国各地新华书店
印　　　刷：北京工商事务印刷有限公司
版　　　次：2022年4月第1版　2022年4月第1次印刷
开　　　本：787毫米×1092毫米　1/16
印　　　张：14.75
字　　　数：266千字
定　　　价：42.00元
ISBN　　978-7-5032-6930-1